建筑施工技术与
建筑设计研究

陈思杰　易书林 ⊙ 著

中国海洋大学出版社
·青岛·

图书在版编目（CIP）数据

建筑施工技术与建筑设计研究 / 陈思杰 , 易书
林著 . － 青岛 : 中国海洋大学出版社 , 2018.11
　　ISBN 978-7-5670-1484-8

　　Ⅰ . ①建… Ⅱ . ①陈… ②易… Ⅲ . ①建筑施工－技
术－研究②建筑设计－研究 Ⅳ . ① TU74 ② TU2

　　中国版本图书馆 CIP 数据核字 (2018) 第 270629 号

建筑施工技术与建筑设计研究

出版发行	中国海洋大学出版社			
社　　址	青岛市香港东路 23 号		邮政编码	266071
出 版 人	杨立敏			
网　　址	http://pub.ouc.edu.cn			
电子邮箱	dengzhike@sohu.com			
责任编辑	邓志科　施薇		电　　话	0532-85902533
印　　制	天津雅泽印刷有限公司			
版　　次	2020 年 5 月第 1 版			
印　　次	2020 年 5 月第 1 次印刷			
成品尺寸	170mm×240mm			
印　　张	11.25			
字　　数	213 千			
印　　数	1~2000			
定　　价	48.00 元			
订购电话	0532-82032573			

如发现印装质量问题，请致电 022-29645110，由印刷厂负责调换。

前　言

　　建筑业是我国国民经济四大支柱产业之一，目前从业人员近 3200 万人，占全国总劳动力的 5%，工程建设每年投资占基本建设投资的 60% ~ 70%。我国城乡新建住宅已超越 150 亿平方米。大量的住宅建设、公共和工业建筑以及基础设施建设，为建筑业提供了广阔的市场。随着经济社会的发展对建筑产品的质量要求越来越高，因此，全面提高建筑施工技术水平，特别是提高广大建筑施工人员的技术水平和管理能力就显得极为重要。

　　建筑施工是一门涵盖多学科的综合性技术，其涉及内容十分广泛，施工对象千变万化，新技术、新工艺、新材料等层出不穷，与其他许多学科相互交叉渗透。凡处理一个施工技术和质量问题，使用一种建筑材料，制定一项施工方案。开发一项新工艺，应用一台新机械，施工一种新结构，往往都要应用许多方面的专业知识才能融会贯通处理恰当，收到预期的技术和经济效果。

　　工程质量的优劣，工期的长短，经济效益的好坏，无不与建筑施工技术水平和管理能力的高低相关，特别是当前国内的高层、复杂、多功能建筑日益增多，对建筑施工技术提出了越来越高的要求。建筑施工新技术的发展，不仅解决了用传统的施工方法难以解决的很多复杂的技术问题，而且在提高工程质量、加快施工进度、提高生产效率、降低工程成本等方面均起到十分重要的作用。因此，了解和掌握现代施工技术，并在工程中加以应用和创新，是当代建筑工程技术人员应具备的重要素质。

　　鉴于上述笔者结合多年教学和实践经验，在广泛征求广大工程建设专业技术人员意见的基础上，依据国家最新施工规范、工艺标准、质量验收标准等内容倾力精心编著本书。本书内容新颖，知识系统完整，理论紧密联系实际，尤其注重内容的操作性、通用性和实用性，尽力做到科学性、先进性与实用性的统一。

　　本书可供建筑施工人员、设计人员、质检人员、安全人员、项目经理、造价师、监理工程师等专业相关人员阅读参考，也可作为大专院校工民建、城镇建设、建筑经济、房地产以及工程管理等专业的教材或自学参考书。

本书在编写过程中参考和借鉴了有关书籍和资料，得到了不少施工单位和建设管理部门的大力支持，许多热心的朋友也给了很大帮助，在此一并表示衷心感谢。

由于建筑施工技术不断发展，加之编写者水平有限，书中难免有欠妥之处，恳请读者提出宝贵意见。

作　者

2018 年 8 月

目 录

第一章 绪论

改革开放 40 年来，我国建筑业持续、稳定的发展取得了举世瞩目的成就，建设了一批规模宏大、结构新颖、施工难度大的建筑物，如鸟巢、水立方等北京奥运建筑，中国馆、世博中心等上海世博建筑；上海环球金融中心（高 492 m，101 层，世界第三高楼）、南京紫峰大厦（高 450 m，89 层，世界第七高楼）等世界著名超高层建筑；广州新电视塔（高 600 m，世界第三高塔）、上海东方明珠电视塔（塔高 468 m，世界第五高塔）等世界著名高塔；北京南站（建筑面积 42 万 m²）、南京南站（建筑面积 45.8 万 m²），上海虹桥站（建筑面积 42 万 m²）、武汉站（建筑面积 35.5 万 m²）、广州南站（建筑面积 48.6 万 m²）等一大批高铁站房。它们在技术、质量、工期上，都可以与国外同类工程相媲美，同时也对我国建筑施工技术的发展产生了巨大的推动作用，使我国建筑施工技术水平上了一个新台阶。

第一节 建筑施工技术发展概况

新中国成立初期，随着国民经济的恢复和发展，我国的建筑施工技术有了很大进步。第一个五年计划期间，我国进行了 156 项重点工程建设；在 1958~1959 年间北京建造了人民大会堂、北京火车站、民族文化宫等十大建筑。20 世纪六七十年代，受国家经济困难的影响，建筑业出现低潮，企业发展萎缩。20 世纪 80 年代，我国实行改革开放政策，建筑业在我国出现了突飞猛进的发展，从而带动了建筑施工技术的大发展。

目前，仅北京市每年在施工的建筑面积就超过 1 亿 m²，相当于新中国成立前全北京原有建筑面积的 6~7 倍，全国包括上海、广州、深圳等大城市及许多中型城市的建筑面积都发生了日新月异的变化，即使在一般县级城市，高层建筑和标志性建筑也都纷纷拔地而起。

建筑业泛指从事建筑安装工程施工的物质生产部门。作为国民经济的基

1

础产业，建筑业及其发展支持和带动着其他产业门类的发展，其基础和内生变量的建筑技术及其进步，支持和推动着建筑业乃至整个国民经济的发展。无论是技术、质量、工期都可以与国外同类工程相媲美。

一、我国建筑施工技术的发展

我国建筑施工技术、施工水平的发展，主要表现在以下几个方面。

（一）建筑基础工程施工技术有了较大的进步

实现了土方机械化施工（包括挖运及回填）；解决了桩基和大体积混凝土的施工问题；研究和开发了深基坑的多种支护新技术，如土钉墙、地下连续墙和逆作法施工等。

1. 地基加固技术

在地基处理方面，我国根据土质条件、加固材料和工艺特点，充分吸收消化了国外软土地基加固的新工艺，研究开发出具有中国特色的多种复合地基加固方法。按照加固机理大体分为以下四种。

一是压密固结法，如强夯、降水压密、真空预压、吹填造地等，适用于大面积松软地基处理；

二是加筋体复合地基处理，如砂桩、碎石桩、水泥粉煤灰碎石桩、夯实水泥土桩、水泥土搅拌桩等，该方法应用范围广，已成为地基加固的主体；

三是换填垫层法，如砂石垫层、灰土垫层等，适用范围较小；

四是浆液加固法，如水泥注浆、化学注浆等，主要用于既有建筑地基的加固处理。

2. 桩基础施工

随着高层建筑的发展，桩基础的施工技术得到了完善和发展。预制桩向预应力管桩方向发展。现浇灌注桩的承载力高，施工振动噪音小，造价低，应用量迅速增长。为提高单桩承载力，已逐步向 1.0 米以上的大直径灌注桩方向发展，成桩直径最大可达 3 米，桩长达 104 米，承载力超过 1 万千克。在地下水水位高的地方采用泥浆护壁，水下浇筑混凝土。为确保灌注桩的质量，必须解决好桩尖虚土和颈缩问题，目前正在推广和应用桩底、桩侧后注浆技术并与超声检测技术相结合。

3. 深基坑工程施工

近年来，我国基坑支护形式呈现多样化，像发达国家采用的一些传统支护形式如地下连续墙、切割型混凝土排桩，水泥土型钢排桩已在使用。软土地区，深基坑多采用地下连续墙和排桩加混凝土内支撑，SMW 工法也已起步；深层搅拌重力式支挡和搅拌桩与灌注桩组合型支挡应用于中浅基坑。内陆非软土地区，排桩加锚杆较普遍；经济有效地土钉支护近年来推广很快，不仅用于非软土地区，而且管式土钉也开始在软土地区应用。

（1）模板技术推陈出新，有了较大的发展。

如用于一般工程施工的中组合钢模、钢框木（竹）胶合板，用于高层、超高层结构施工的大模板、滑模和爬模等成套模板工艺，以及用于现浇梁板结构施工的早拆模板体系等。

（2）粗钢筋连接技术有了新的突破。

如闪光对焊、电渣压力焊和气压焊等焊接技术，以及套筒挤压连接和直螺纹连接技术等。

（3）混凝土施工机械化水平和预拌混凝土技术有了迅速发展。

如混凝土搅拌运输车、混凝土输送泵和混凝土布料杆等施工机械和高强度、高性能混凝土的使用。混凝土是工程结构最重要的材料，我国混凝土技术经历了由低强到高强，由干态到流态；混凝土的生产技术也由人工计量、分散搅拌到计算机控制、计量的搅拌站集中拌制。混凝土技术将从以强度为中心过渡到以耐久性为追求目标的高性能多功能方向发展，技术进步成绩巨大。

混凝土原材料的发展，促进了混凝土性能的改善和提高，预拌混凝土发展迅速。现场分散拌制的混凝土，强度离散大，质量难以保证。搅拌站采用机械上料，计算机控制和管理，并使用外加剂和掺和料，搅拌车运送，泵送入模，使混凝土工程质量有了可靠的保证。高强度高性能混凝土发展步伐加快。为防治碱集料反应，人们开始关注耐久性问题。

（4）装饰、防水工程得到迅速发展。

如在装饰、装修工程中采用的玻璃幕墙、石材幕墙、金属幕墙、清水混凝土等施工工艺，在防水工程中采用的聚合物改性沥青防水卷材、合成高分子防水卷材、防水涂料等新材料和防水新工艺。

过去，我国的屋面防水材料主要是沥青油毡和细石混凝土。目前，新型防水材料层出不穷，特别是高分子化学材料在防水工程中的应用，把建筑防水技术推上了一个新的台阶。建筑防水材料发展迅速，品种已达80多种。产品可分为沥青防水卷材、高分子片材、防水涂料和胶结密封材料四大类。依据新型防水材料的特点，也开发了一些新工艺、技术和设备，有的已形成工法，如热熔工法、冷粘贴工法、高频热焊工法以及松铺、点贴、条贴、机械固定等新的施工方法。

（二）装饰材料的发展促进了装饰施工技术

吊顶方面，轻钢龙骨、铝合金龙骨等已普及，而罩面材料更有石膏、塑料、金属、吸声等罩面板。饰面方面，彩色釉面砖、陶瓷锦砖等应用较多，胶黏剂品种繁多可视需要选用；大理石、花岗岩的干挂柔性连接施工工艺使质量得到提高。涂料的发展更是日新月异，施工方法有喷涂、滚涂、刷涂、弹涂等方法，可取得不同质感。明框和隐框玻璃幕墙近年在我国发展速度甚快，为规范其设计、材料、施工和质量要求，我国已颁布了有关规程，施工和检验技术亦有很大提高。

（三）钢结构施工技术接近或达到国际先进水平

如大型塔式起重机的使用，使 3 层一节的钢柱得以吊装就位，高强度螺栓连接代替部分焊接，成为钢结构安装的主要手段之一。

在建筑工程领域，钢结构以其独特的优越性，特别是高层、超高层、轻型钢结构、大跨度空间结构等，因施工速度快、节约环保、综合经济技术指标佳、建筑造型美观、抗震性能好等被越来越广泛重视和应用。我国钢结构的施工水平发展很快，已能独立承建一些超高层和大跨度空间结构。

大空间钢结构中以钢管为杆件的球节点平板网架，多层变截面网架及网壳等是我国空间钢结构用量最大的结构形式，施工技术已达到国际先进水平。轻钢结构具有重量轻、强度高、安装速度快等优点，也已大量使用。此外，钢结构的吊装、连接和防护技术也已达到了很高的水平。

（四）现代科学技术已在高层建筑施工中逐步得到应用

如采用激光技术作导向进行对中和测量，采用计算机技术进行土方开挖监测、大体积混凝土施工中的测温以及滑模施工中的精度控制等。

计算机用于施工企业始于 1975 年的工程预算软件，现在概预算软件，已研制成功应用 CAD 技术将平、立面图等输入自动计算工程量。工程网络计划软件亦应用较早较多，目前水平与国外基本相当。还开发有工程投标报价系统、物资管理信息系统、智能化项目管理软件、施工平面图绘制软件、工程成本管理软件，以及财务、统计、劳动力管理、质量管理、文档资料等软件。

在施工技术方面，从 20 世纪 80 年代后期已开始引入计算机技术，如微机控制混凝土搅拌、大体积混凝土测温、高层建筑垂直偏差测量控制、施工组织设计编制、试验数据自动采集等。

（五）墙体施工与脚手架技术

砖墙砌筑属于传统施工技术，在今天仍大量使用，为了节约资源、减少实心黏土砖的用量，我国近年来积极进行墙体改革，发展混凝土小型砌块，在提高隔热保温性能，解决墙体渗、漏、裂施工方面已取得显著成效。建筑脚手架亦是建筑施工中的重要施工工具。

二、建筑技术的发展趋势

以最小的代价谋求经济效益与生态环境效益的最大化，是现代建筑技术活动的基本原则。在这一原则的规范下，现代建筑技术的发展呈现出一系列重要趋势，剖析和揭示这些发展趋势有助于认识和推动建筑技术的进步。

（一）高技术化发展趋势

新技术革命成果向建筑领域的全方位、多层次渗透，是技术运动的现代特征，是建筑技术高技术化发展的基本形式。

建筑施工技术的高技术化发展基本的表现形式是新技术革命成果向建筑领域的进行全方位和多层次渗透，凸显了技术运动的现代特征。这样的渗透推动着建筑施工技术体系内涵与外延的快速拓展。出现了功能多元化、驱动电力化、布局集约化、控制智能化、操作初械化、结构精密化、运转长寿化的高新技术化发展趋势。

新技术是建筑施工高新技术化发展的一个基本的形式，研究主要包括有空间结构技术、开发建筑节能技术、建筑地下空间技术等。尤其是计算机的应用更是大大地提高了建筑施工工程的建设、信息服务和科学管理的水平。

（二）生态化发展趋势

生态化促使建材技术向开发高质量、低消耗、长寿命、高性能、生产与废弃后的降解过程对环境影响最小的建筑材料方向发展；要求建筑设计目标、设计过程以及建筑工程的未来运行，都必须考虑对生态环境的消极影响，尽量选用低污染、耗能少的建筑材料与技术设备，提高建筑物的使用寿命，力求使建筑物与周围生态环境和谐一致。

建筑施工设计的目标，设计的进程和施工的整个过程，都必须考虑到对生态环境的影响，尽量减少污染，减少能量的消耗，选择适当环保的建筑材料和技术设备。建筑材料的开发也必须考虑到生态因素，向低消耗、低污染、长寿命、性能完善和废弃物影响程度小的方向去设计发展，来提高建筑物的寿命，并且与周围生态和谐共存。

（三）工业化发展趋势

工业化是现代建筑业的发展方向。它力图把互换性和流水线引入建筑活动，以标准化、工厂化的成套技术改造建筑业的传统生产方式。

1. 工业化是当代建筑施工行业的一个主要的发展方向

它主要的目的是力图把互换性和流水线引入到建筑活动中去，以标准化的要求提高劳动生产率来加快建设速度提高经济效益和社会效益。

2. 提高建筑的工业化水平

通过工厂化的成套的技术来改造建筑施工业的传统生产模式。建筑施工技术的工业化是以科技为先导，采用最为先进的技术、工艺、设备，不断提高建筑施工的标准水平，优化资源配置，实行科学管理的方案。

（四）复杂化发展趋势

随着建筑业的发展，传统的地质勘查、机械制造、冶金、运输、园艺等实践活动，不断渗透到建筑领域。其相应的技术形态也被逐步纳入建筑技术体系，使建筑技术的外延得以扩展，体现了建筑技术的包容性与综合性。

1. 复杂化是建筑技术综合性、动态性累积的必然结果

随着我国经济的不断增长，各个行业也在日新月异的发展之中。作为从事建筑安装工程施工的物质生产部门的建筑业不仅仅是我国国民经济的基础，它也带动和支持着其他产业部门的发展。随着科学技术的不断提高，建筑业也在不断地走向创新的道路。这几年来，新技术的出现和新工艺的产生给了建筑业巨大的冲击，也产生了巨大的推动力，促使我国的建筑施工技术有了新的发展。

2. 复杂性是建筑施工技术综合性和包容性积累的结果

目前，我国的建筑业处于迅猛发展的阶段，传统的机械制造、运输、园艺、地质勘查、冶金等活动也不断被应用于建筑施工设计中。因此，这些外沿学科的相应的技术形态也被纳入了建筑技术体系，无限扩张了建筑施工技术的外延，体现了建筑施工技术的包容性和综合性。

（五）建筑施工技术应该往节约型、创新型方向发展

建筑材料是建筑业发展至关重要的项目，建筑施工技术要研究节约型、创新型的建筑材料，从使用功能出发，尽量利用工业废料，合理地利用资源和节约能源。引进新型的建筑材料和建筑技术，发展住宅用的化学建筑产品提高化学建材在建筑中的应用。

由上述看来，我国建筑业目前正处于一个发展的黄金阶段，国家对今后

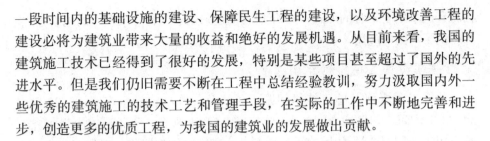

一段时间内的基础设施的建设、保障民生工程的建设，以及环境改善工程的建设必将为建筑业带来大量的收益和绝好的发展机遇。从目前来看，我国的建筑施工技术已经得到了很好的发展，特别是某些项目甚至超过了国外的先进水平。但是我们仍旧需要不断在工程中总结经验教训，努力汲取国内外一些优秀的建筑施工的技术工艺和管理手段，在实际的工作中不断地完善和进步，创造更多的优质工程，为我国的建筑业的发展做出贡献。

三、我国建筑施工技术的发展进程

（一）建筑施工机械化水平的提高

早期存在于施工现场的运输方式通常是依靠扁担和人工搬运的。到了20世纪60年代，水平作业开始由扁担转变为手推车的形式，而垂直作业开始由人工搬运转变为井架卷扬机。70年代初期，有些公司已经尝试使用自制的塔式起重机，但是由于条件限制，一直到70年代中期，才开始推广和使用起来，水平作业也被"翻斗车"所替代。直到进入80年代的中后期，施工现场已经基本实现水平运输机械化。

（二）工厂化、专业化施工都在迅速发展

我国的建筑业早期基本模式都是一个综合性的施工团队承包相关的工程，但是社会效果较差。经济全球化和专业化施工的不断深入，专业化的公司在20世纪90年代后不断地应运而生，因此工厂式的施工水平和分包项目也不断地提高和增多。目前大的工程由几十个分包参与，这样的模式取得了更好的社会效果，使我国的建筑业逐步辉煌。

商品混凝土的快速发展为现代的建筑施工做出了重要的贡献，到现在已经逐渐演变为内外墙体全面实现浇注，楼板也取消预制而采用现浇的方法施工。这种钢筋混凝土全现浇剪力墙结构体系，在各类建筑住房得到了广泛的应用。预拌混凝土和泵送技术的进一步发展，更加体现了施工技术的专业化、现代化，是发展工业化施工的一条重要的途径。

（三）施工模板的发展

20世纪90年代初期，在减少了模板的拼缝架构之后，钢筋混凝土构件表面的平整度得到了保证。随后又将木面板的形式改成全钢中型定型组合模板的架构，以弥补木面板容易变形和钢框接合不牢的问题，并且沿用至今。由于项目管理水平的提高，由木质多层板及方木制作的模板应运而生，其可以获取更好的经济效益，并且方便实用。80年代中期，浇楼板模板的立柱建

构就普遍采用了钢管的形式，90 年代后期还采用了一种"飞模"的施工方式，都得到了广泛的应用。

（四）装饰工程的创新

装饰工程既涉及施工技术问题，还涉及装饰材料的生产问题。20 世纪 50~70 年代间，勾缝或水泥抹灰打底，面层为水刷石、干粘石或少量剁斧石被应用于多层混合结构中。70 年代以后，高层建筑的增多，干粘石替代了水刷石。80 年代后，水刷石也被各种涂料和面砖替代。随着经济的发展，石材饰面也在 80 年代中期开始出现。

除此之外，内墙的装饰也在快速的发展，90 年代之前的水泥地面已经不常用到，更多的是采用地板、石材和地砖。80 年代曾经出现贴墙纸的高潮，后来出现了更多的选择。吊顶装饰多用于公共建筑，石材建筑多用于豪华的公共场所，室内装饰也逐渐转变为人造光面石材为主。

（五）绿色建筑施工理念

20 世纪 90 年代开始贯彻国家建筑节能的技术政策。90 年代中期，因为"外墙内保温"的施工比较方便而得到广泛采用，但是 21 世纪初，发现其弊端较多，于是改用"外墙外保温"的施工技术。但是这种保温技术至今还在探索阶段，还未达到很满意的效果。同时，施工技术带进了绿色环保理念，节能、节水、节材和环保也逐渐地被重视和应用于施工之中。

第二节 建筑施工特点

建筑业是一个古老的行业。人类进入文明社会以来，建筑业不仅提供了人类"衣、食、住、行"四大基本需求中的"住"，也是实现"衣、食、行"的先导产业。及至现代，建筑业更是成为社会进步的标志性产业。目前，我国建筑业在国民经济五大物质生产部门中，年产值仅低于工业、农业，而高于运输业和商业，位居第三；建筑业年生产总产值达 13.5303 万亿元，占国内国民经济生产总值的 26%；从业人口达 3 800 万人，占全国总劳动力的 5%；加上建筑业的先导性与带动性，建筑业已成为我国社会的支柱型产业。建筑业的产品是庞大的建筑物，因此，建筑产品与工业产品相比，具有迥然不同的特殊性。

一、因地制宜是建筑施工的基本原则

人类社会对物质的需求是多种多样的，而一般的商品，如电视机、汽车等，总是可以组成若干类型后再统一规格大批量组织生产，唯独建筑产品具备特有的造型与风格。因建筑产品不是建筑商预先设计好再生产销售的，而是按业主对功能的要求设计的，故建筑产品的差异是一切产品之最，建筑物的单一性决定了建筑施工没有固定不变的模式。

（一）产品的固定性决定了建筑施工的从属地位

工业产品一般都是在一个固定的生产地点生产或组装成产品后运输销售给使用者的，唯独建筑产品是固定不动的称为建筑物。它建造在一个选定地点，通过建筑施工过程，将物资与活劳动凝固成设想的建筑产品供人们使用。建筑施工不能自己设计一个理想空间，选定一套工艺稳定地组织生产，而是服从产品设定地点的需要，不断地按工程要求，流动设备与人员，使自己的生产最有效地适应工程特定的空间，包括环境、交通、气象、地质等。

（二）没有一种工业产品可与建筑产品比较体型

比如，一幢大楼几百米高，几十万平方米的建筑面积，生产这样一个产品要动用成百上千台设备与成千上万名员工，从开工到竣工，时间跨度长达几年。建筑产品的生产过程是通过不断变换的人流将物资有机地凝聚成逐步扩大的产品，而最终产品是一个需要符合一系列功能的统一体，所以，建筑产品的生产是一个"多维"的系统工程。人、机、物在产品所给定的空间与时间中被调度安排，选择是否得当将直接影响着效率、效益与产品的质量。

（三）建筑产品有单一、固定与体型庞大的特性

这一特性决定了建筑工程施工的复杂性，没有统一的模式与章法。建筑施工技术必须兼顾天时、地利、人和；因时、因地、因人制宜，充分认识主客观条件；选用最合适的方法，经过科学组织来实现施工。

所谓的建筑工程施工，就是施工技术与施工组织管理，其中，施工技术一般就是指完成一个主要工序或分项工程的单项技术；施工组织管理则是优化组合单项技术，科学地实现物料与劳动的结合，最终形成建筑产品。技术是生产力，管理也是生产力，两者同样重要。因为没有科学的组织管理，技术效果就不能得到发挥；而没有先进技术，管理也就没有了基础，两者是相辅相成的。

（四）传统的房屋建设已不能满足现代的人们对房屋建设的需求

我国人口数量一直稳居世界第一，并且人口数量还在保持继续增长，在未来十年，人口可能突破 20 亿，人口数量的庞大导致我国民众的住房问题极其严重，为有效解决住房问题，各大城市不断开展高层房屋建设工程，在有限的土地住房面积的基础上，只能向上提升房屋空间，进而建筑施工开始不断发展，然而，由于建筑施工工程的不断增多，使得房屋由简单、单层向复杂、高层发展，建筑工程的规模扩大迅速，导致房屋建设工程的难度也越来越强，其技术水平要求也相对增高，其施工环节也越来越多，也更具复杂性，建筑施工技术改革迫在眉睫。在技术改革前，我们需要对建筑工程施工进行深入了解，才能研究讨论出建筑施工技术的改革方向。

二、建筑施工现状

我国各大城市，特别大多数省会城市和各大沿海城市，建筑施工工程已经得到快速发展，建筑施工的数量迅速增多，一般在市中心的房屋普遍为建筑施工，但建筑施工的施工技术发展却赶不上建筑施工量的增多，近来，建筑施工中的技术问题以及安全问题不断暴露，人们逐渐开始重视建筑施工工程中的安全施工问题，各种环境因素、地理情况、自然环境的更替、人为技术管理等都将影响建筑施工的质量。

（一）住宅建筑结构体系的探讨

一般情况下，住宅建筑的结构体系涉及了三大类。

1. 框架轻板结构体系

结构包括了钢筋混凝土框架结构，内外墙是非承重墙。能够借助混凝土砌块、陶粒空心砌块、其他非黏土砌块与 3E 板、陶粒混凝土轻质两面光条板等当作内外墙。

2. 混凝土空心砌块建筑体系

最大的不足就是雨水极易通过砂浆缝隙发生渗入，若是双面抹灰，会提高抹灰量，同时在光洁的砌块上无法抹上抹灰，极易开裂、空鼓。

3. 钢筋混凝土剪力墙结构体系

内外墙彻底借助现浇钢筋混凝土墙，现如今，已经发展出多类配套的外墙保温体系也能够将外墙完善为预制墙板，现场预制在生产后可以就地安装。

（二）住宅建筑的特点分析

在我国，住宅正在建造或者已经新建的城镇住宅中超过了 90%。住宅通常就是 4~6 层高的住宅，应用公共楼梯处理垂直交通，被视为一类有着一定代表性的城市集合住宅，其优势如下。

1. 结构设计成熟

一般借助的是砖混或框架结构，建材能够就地生产，能够大量的完成标准化、工业化生产。

2. 公摊面积少

不需要再像高层住宅需强化电梯、公共走道、高压水泵等环节的投资，整体的性能价格比高，物业费不高。

3. 住宅造价不高，价格降低，普通消费者极易接受

相比于低层住宅，其在占地上较为节省；相比于高层住宅建设，工期更短，通常开工一年中就能够竣工。

（三）民用住宅建筑施工的质量问题

1. 基础和主体施工阶段的质量问题

建筑工程基础和主体施工阶段是一个建筑工程最基础和最关键的阶段。这些阶段的设计和施工如果没做好，基础和主体质量都不能达到要求，建筑整体的质量也就无法保证。在建筑施工中，常见的问题有混凝土强度不足、施工速度慢、基层处理困难等问题，这些问题处理不当将使建筑的施工质量被极大的破坏，建筑即使完成，这样的建筑很难通过验收检验。

2. 辅助结构施工中出现的质量问题

装修和设备安装的质量容易在建筑施工质量监理的工作中被忽视。这一阶段的施工相较于建筑施工难度较低，施工速度也更快，但人们日后对建筑的使用有着极为重要的影响。在设备安装和装修阶段出现质量问题，会使建筑的使用质量下降。经常出现的问题如：卫生间、厨房、地下室漏水，墙体石灰脱落等，有时还会因为设备安装不牢固而导致其掉落，给居民的生活安全带来隐患。

3. 项目管理中的缺陷

总的来说，我国建筑行业在进行项目管理时，使用的方法有限，在管理的制度方面还比较落后，在管理中管理人员的运作主要还是依靠经验，缺乏系统性和规范性。相关部门对施工进行的管理流于表面，对市场的监管缺乏力度；施工过程中监管人员对工程的监督没有固定的、强制性的标准，难以进行量化考核和跟踪评价；所以，施工质量管理效率普遍较低。而对施工项目的管理一般由建设部门安排项目经理来完成，主要负责主体是个人而非团队，导致管理水平不稳定，受外界环境影响较大。

4. 住宅管理对策

（1）设计阶段的质量管理路径。

设计阶段被视为民用住宅施工的基础，所以，针对此时期的管理有着十分关键的意义。

①要想强化设计方案的质量，必须选取专业技能较强、设计经验丰富的设计工作者，在设计前需对施工地点的气候、地质环境等影响设计因素实地展开考察，做详细记录；

②需应用科学的设计路径，同时和实地设计情况有机的结合，完善出一类最优良的设计路径展开设计，在最大程度上确保设计质量；

③需对各类设计方案展开对比，选择优良的方案，同时构建对设计工作的监督管理机制，确保设计方案的质量。

（2）前期准备工作的完善路径。

对工程特点、周围环境，极易出现的问题充分展开考虑，被视为对住宅建筑施工前的必备工作。需要对设计图纸展开严格的研究、审阅，对问题及时发现并解决。还需要按照住宅的特点完善出详细的施工计划，一般涉及工程时间、工序安排等问题。

（3）施工阶段的质量管理对策。

在整个工程质量管理过程中，施工阶段被作为关键阶段，首当其冲的就是需确保施工材料的质量，严格检查备料以及相关的建筑材料、成品半成品、各类配件等，同时需要出示检验报告、查验证明、合格证书。与此同时，还需完善相应的质量管理方案，按照实际施工情况随时进行变动，现场管理者应对现场施工质量及时监督。施工人员需具有优良的施工技术，严格地遵循设计方案、施工规范。

（4）竣工验收阶段的质量管理对策。

工程质量中最为重要的就是竣工阶段的验收工作，首先建立竣工验收工作小组，检查民用住宅，验收时需依据验收标准、相关规定；需强调工程细节、抗震设计，同时针对发生的问题，及时找原因，并快速解决，防止带来安全隐患。在检查完问题之后，方可投入应用。

（5）定时举行质量管理协调会议。

施工企业一般涉及了安装单位、土建单位等多家施工企业，在民用住宅施工建设中，会带来相应的混乱，大大影响着工程质量管理工作的顺利进行。因此，需安排各个施工单位以及设计单位，定时间举行质量管理的协调会议，在质量管理计划执行中，检查实际情况，同时分析在工程建设中发生的质量问题，应用相关的解决对策，找出问题解决的路径、期限。针对实际情况，各施工企业提出相应的见解，给质量管理工作明确更为科学的管理措施。

（6）科学处理施工信息，加强信息使用效率。

目前在施工信息管理中，从整理、保管、传递、分析等各个环节都可以发现信息使用的效率很低。应从以下几个环节展开相应的对策。

①构建一个长时间合理、科学的信息源，采取领导质量终身责任制。领导对质量的重视程度会直接影响下属管理者和员工对质量的重视程度，所以只有领导重视，才能保证员工重视质量。而领导终身责任制则避免其因为职位调动而免于承受责任的现象；

②强化对施工质量管理监督横向信息平台的构建。在监督时，若是发现违法违规行为，需要依法处理，遵循违法必究、执法必严的原则。

住宅建筑被作为人们今后生活住房的方向，所以在其施工管理方面上需进一步深入的研究。以上描述了住宅建筑的特点，探讨了其发生的问题，同时提出了一系列的改进路径，以供同行参考。

三、建筑结构施工特点

随着建筑施工工程的不断增多，高空作业作为建筑施工工程的主体也逐渐增多，高空作业的技术难度及其复杂程度也不断增强，建设工程施工过程中任何细节问题都可能导致严重的后果，因此，需要密切注意，以下对相关问题进行了详细说明。

（一）建筑工程的施工环节较多

建筑施工从地基开始到施工完成，有着需要的材料设备多、工作人员数量巨大、施工技术复杂、施工难度大、工期长等特点，加上建筑楼层较多，大多都是高空作业，更加提升了施工的难度和复杂度。高空作业相对于地面工作，其危险程度急剧升高，施工的安全问题就值得我们高度重视，因此，应特别注意高空作业所需的材料质量，工作中的器械设备等需要定期检查其性能；在人员的输送过程中做好建筑人员安全保护措施，以保证施工人员的人身安全以及建筑施工的质量。

（二）建筑施工结构的工程量大

目前，建筑施工低则几十米，高则几百米，其规模巨大，有些甚至需要耗费几百位工作人员多年进行施工建造，其工程量大，技术难度、复杂程度可想而知。大部分建筑施工工程由于其工程量大，不可能各个环节按部就班地进行，为保证在计划工期中顺利完成工作，会根据实际情况出现多个项目同时工作的现象。一旦施工规划不够完善，人员没有做好调整，建筑工程管理工作没有做好，容易导致设计好的施工计划与实际情况严重不符，进而导致各个项目工程可能出现施工滞后，窝工等情况，进而影响整个建筑施工工程不能顺利进行，其质量也得不到保障。因此，在建筑施工工程的过程中必须事先做好项目规划、人员调整和施工的严格管理，在设计过程中考虑多种可能发生的状况，保证出现各种问题时能够及时解决。

房屋建筑工程有着较大的工程量和建筑体量。在某些房屋建筑施工中，通常采取的是边设计、边施工、边准备的施工方法。

（三）建筑施工地基的深度

相对传统低层建筑而言，房屋建筑施工的楼层较多，高度较高，体积较大，因而，地基所需要承受的压力更大。为保证建筑施工的稳定性，必须加深建筑的地基，根据建筑相关技术标准规定，需保证地基基础的深度不低于建筑高度的 1/12，建筑施工过程中除严格遵守该规定，还需对建筑地区进行实地测量及考察，根据地质具体情况进行合理调整。

房屋建筑工程应对整体稳定性的要求加以满足，因此，埋置地基的深度就要满足所要求的深度。通常房屋建筑工程的基础埋置的深度至少要在地面下 5 m 左右；这使得深基础支护开挖成为房屋建筑工程施工的一大重点。

（四）建筑施工结构施工周期长

随着科学技术的不断发展，建筑施工技术水平也得到不断提高，然而，尽管技术获得提升，由于建筑施工工程的规模庞大，技术过于复杂，目前，最快完成的建筑施工工程也耗费了两年时间，在提高施工速度的同时还需要保证施工的安全性，需要对建筑工程的施工设计进行不断完善，各施工环节进行合理规划，对施工人员进行协调管理，以保证各阶段工作快速高效进行。

通常而言，多层建筑每栋所需要的平均施工工期为 10 个月，而高层房屋建筑工程所需要的平均施工工期大约为 2 年。这样就出现季节性施工，比如冬季施工、夏季施工等。

（五）建筑施工结构施工的技术水平高

建筑施工对于其结构施工设计的要求极高，其中以现浇钢筋混凝土尤为突出，现浇钢筋混凝土包括钢筋的连接技术、模板的加工技术，以及高性能钢筋混凝土技术等，这些技术问题即是建筑施工工程施工中的重点也是难点。

四、建筑施工的施工技术分析

施工技术水平的高低能够直接决定建筑施工的质量，对施工技术的改善可以有效提高建筑施工工程的施工质量，因此，对建筑施工中的各项施工技术进行简要分析。

（一）地基基础的施工技术

由于我国地域面积较大，存在各种地质情况，因此，在各地区进行建筑施工时需要采取不同措施，事先对该地实际情况进行地质勘查，并因地制宜，设计合理的施工方案，当地基基础较深时刻采取深井法施工；对于地基基础埋度不深的工程中，结合当地地质详情，若地质持力层较深，地底地质复杂的情况，需要考虑桩基础，以确保地基的稳定性，对于桩基础的材料问题也需要就地考虑，我国的钢材业发展较低，产钢量少，因此，不必墨守成规的使用钢材桩基础，可选择更为合适现浇钢筋混凝土桩，加上现浇钢筋混凝土桩在施工过程中具有噪音小，质量高等特点，使其得到广泛应用。与钢材相比，现浇钢筋混凝土桩的成本更低，因而，现浇钢筋混凝土技术得到快速发展。

1. 施工准备

基础工程在施工前，应对场地进行清理，并对桩基础施工的现场全面勘探，为编制施工方案提供必要的资料，进而为成桩工艺。根据设计好的桩型及土层的状况选择相应的机械设备，为桩基础施工进行工艺试桩。

2. 施工阶段

首先对原材料抽查，主要是钢筋、水泥、石子及砂等主要原材料的质量是否符合标准；然后监督钻孔过程，每次钻孔之前应该对桩位及标高反复核查，确保其准确无误；还应该对终孔的孔径、孔深、孔斜度以及二次清孔之后的沉渣厚度、沉浆密度进行检测，同时参照地质勘探报告，检查是否已经达到设计持力层以及进入持力层的深度。

（二）预制模板技术

施工技术的高水平能够有效缩短施工周期，建筑工程施工中，控制施工周期的主要技术为滑模法和爬模法，将滑模法和爬模法协调运用可有效提高建筑施工结构施工的反复性施工效率，可加快竖向施工速率，进而提高建筑施工工程施工的效率，既能保证建筑施工的主体结构的高性能，还可有效缩短施工工期，保证建筑施工的顺利完成。

（三）建筑施工钢结构施工技术

在建筑施工工程施工中以建筑钢结构施工技术为重点，也是其最大难点之一。钢结构施工技术具有施工效率高，工业化强等特点，由于钢材的导热性能较好，导致建筑施工的热量传递过强，因此，在施工建造中需要增加防火设施建造，作为钢结构施工技术中主要的大型设备——塔吊，其性能直接决定钢结构施工技术的水平，采用起重能力强的塔吊可可保证钢结构施工技术的质量。在吊装和连接时，将数据具体化，保证零失误，进而保证建筑施工的施工质量。

钢筋工程同样也是房屋建筑施工中重要的环节。工程本身存在着一定的隐蔽性，所以在钢筋施工的时候应把握好以下几个要点。

1. 保证钢筋表面足够干净

在对钢结构进行施工之前，施工人员要仔细地检查钢筋的表面，确保钢筋表面的清洁。如果钢筋表面有泥土、油污等要及时进行清理。

2. 检查钢筋的笔直度

这是为了防止钢筋的局部出现弯曲或者存在小波浪的现象。对弯曲钢筋调整的时候可以采用机械或者人工的方法来调整。

3. 对钢筋进行切割

施工人员的切割技术一定要到位，进行钢筋切割时要根据钢筋的具体型号、长度和直径进行搭配，最大限度减少钢筋在切割过程中的损耗。同时还需要注意，切割的钢筋需符合房屋建筑的施工要求。

4. 钢筋安装的质量

钢筋安装可对基础钢筋、剪力墙、柱钢筋、梁钢筋以及板钢筋进行安装，不同的部位有着不同的安装方式，施工者需要严格地按照具体的施工技术进行安装，保证安装的质量和性能。

（四）建筑施工泵送混凝土技术

上面已提到，近年来，我国的混凝土相关技术的发展迅速，相对于钢材材料，我国的混凝土材料显得极为充足，建筑施工所需的混凝土配比也能得以保证，因此，混凝土在建筑施工工程中发挥着重要的作用，而建筑泵送混凝土技术也是建筑施工中的关键技术，以掺粉煤灰与化学外加剂为基础的双掺技术既能保证建筑施工所需的泵送高度，还能不断提高混凝土输送效率。

（五）混凝土施工技术

1. 混凝土浇筑施工技术

对混凝土浇筑调配的配合比设计应按照《普通混凝土配合比设计规程》等相关规定进行操作。在混凝土浇筑施工过程中，不管是流淌浇筑或是从中间向两边进行对称浇筑，还是从一端向另一端的推进浇筑法，都必须是一段一段、一层一层且一点一点地进行浇筑，这样才能保证浇筑的质量。

2. 混凝土振捣施工技术

正确的振捣方式能更好地确保混凝土的质量。在振捣的过程中，要快速地插入进行振捣，同时要合理控制好时间，每次振捣的时间大概为 30 s。振捣太久会影响砂子和水泥浆的黏合程度，同时不能和石子混拌在一起，这样将会降低混凝土的质量。为了使得混凝土能够更好地结合，振捣器应该插进混凝土 8cm 左右。

3. 在混凝土的运输方面

混凝土的运输施工也是很重要的环节，正确的运输方法很重要，这直接关系混凝土运送到工地后的质量。我国一直以来用的是泵送混凝土的方式，在泵送混凝土的过程中，角度应尽量小，避免在振捣过程中产生离析和泌水；传输的管道应尽量少用质地较软、弯度较大的管道。

（六）深基坑支护工程

1. 支撑

内支撑有很多种的布置方式，可以根据基坑形状分为对撑、角撑、圆环式以及框架式等，其一般会在混凝土支撑、H 型钢以及钢管中应用，圆环式的内支撑有着对四周的受力较为均匀的优势，因此，使用圆环式的内支撑能够使得空间利用率增大。

2. 土钉墙

近年来，土钉墙施工技术得到了很大的发展。土钉墙的主要应用范围是一些深度不深、对于环境要求也不是很高的工程。由于其价格低廉并且应用起来较为方便，因此比较适用于软土地区。

3. 地下连续墙

地下连续墙指的是地面以下的连续墙壁，主要适用于对环境要求较高并且基坑较深的工程，主要操作方法是在地面上采用一种挖槽机械，沿着深开挖工程的周边轴线，在泥浆护壁条件下，开挖出一条狭长的深槽，清槽后，在槽内吊放钢筋笼，然后用导管法灌筑水下混凝土筑成一个单元槽段，如此逐段进行，在地下筑成一道连续的钢筋混凝土墙壁，其作用可以截水、防渗、承重、挡土。

4.逆作法

逆作法施工技术是目前高层建筑物最先进的施工技术方法。逆作法施工和半逆作法一般应用在地下室层数较多的深基坑工程中，通过采用逆作法，能够更好地降低工程造价，并且有效地提高施工的效率，也可以防止周围环境发生变形等现象。

人们生活水平的不断提高，也带动着对建筑施工的需求，虽然建筑施工工程的建设施工具有难度高、技术复杂、规模大等特点，但随着科学技术的不断发展，不断将先进的技术融入建筑施工工程的施工建设中，在不断提高建筑施工水平的基础上，保证建筑施工的工程质量，并有效推动建筑施工工程技术的不断发展。

墙体是房屋建设的主体，是房屋的主要外部结构，在进行节能施工的过程中，首先需要采用隔热性能良好且保温性能良好的建筑材料，对于墙体结构的选择，最好是选择强度较低的砌块墙体，这样能够更好地实现节能环保的目标。

而对于门窗节能施工，在施工的过程中可以采用双层玻璃甚至是多层玻璃，增加玻璃之间的空气层，降低外窗的导入系数，以减少夏季电能的使用量和冬季的采暖能耗。

总之，建筑的质量不仅直接关系着我们的生命和财产安全，而且影响着建筑行业的未来发展。所以，必须不断分析和研究房屋建筑工程的施工技术，并加以创新。同时，对在房屋建筑的施工过程中遇到的各种问题，也应及时发现并加以改进，只有这样才能保证我国房屋建筑事业稳步发展。

第三节 建筑的本质及美学特性

建筑涉及的方面非常广泛，从生产到生活，从物质资料到上层建筑，从环境到气候，从社会风尚到个人爱好，从技术到艺术，从美学到哲学，思绪万端，错综复杂。历来对建筑不乏各种各样的提法，而我们的建筑创作和建筑教育也往往随风摇摆。为此，有必要进一步深入探究建筑的本质及其美学特性。因为每一物质的运动形式所具有的特殊的本质，为它自己的特殊的矛盾所规定。这种情形，不但在自然界中存在着，在社会现象和思想现象中也是同样存在着。

一、建筑的本质

建筑的特殊矛盾要到现实生活中去找。现实中有各种各样的建筑：人们在车间中进行生产，在住宅中起居，在学校和图书馆中学习，在俱乐部、剧场、纪念馆中进行各种文化与政治等精神活动。不论这些建筑有多少区别，它们的共同之处是：小自一个房间，大至整个城市，都是人们的物质与精神生活的空间。可这不是自然空间，而是人们通过劳动创造的社会生活空间（在自然空间之中，而不是在自然空间之外）。与蜜蜂构筑蜂房的本能活动不同，人们是有意识地进行建造。这是人们改造世界（不仅包括人与物的关系——主要是生产力，也包括人与人的关系——主要是生产关系）的活动中不可分割的一部分。

（一）人们对生活的态度及理想

在阶级社会中首先是占有大量物质资料的统治阶级的态度和理想必然得到一定的表现。而且不仅作为生活方式体现在生活空间上，还作为社会意识形态范畴的审美观念通过艺术形象表现出来。因此，建筑这一统一体可以分为生活空间与艺术形象两个对立面：

它们互相排斥，生活空间不是艺术形象，艺术形象不是生活空间；它们互相依存，生活空间是艺术形象存在的依据，艺术形象是生活空间存在的表现；它们互相制约，生活空间的组织决定艺术形象的构成，艺术形象的构成又影响生活空间的组织；它们互相渗透，建筑的生活空间本身具有形象性，它可以是自由的或规则的，圆的或方的等，建筑的艺术形象具有空间性，它占有一定的空间；在一定的条件下它们还会互相转化。

例如，故宫，过去主要是封建统治者活动的空间，经过民主革命，社会条件改变后转化为主要是供人们观赏的已故王朝的艺术形象；天安门城楼则相反，过去表现帝王威严的艺术形象，现在转化为节日庆祝活动的空间。这样我们就看到，人们有实用功效的劳动产品的普遍矛盾——物质资料与意识形态的矛盾在建筑的特殊体现就是生活空间与艺术形象的矛盾。这就是建筑的特殊矛盾。

（二）建筑的特殊矛盾的影响

它影响到建筑的各个方面，在建筑的价值上存在实用和美观的矛盾；在建筑的构成方法上具有科学技术与艺术技巧的矛盾；在建筑创作构思过程中出现抽象思维（即逻辑思维）与形象思维的矛盾；尤其重要的是建筑的实现要依靠一定的技术并耗费大量的劳动和材料，因而产生适用与技术的矛盾、美观与技术的矛盾、适用与经济的矛盾、美观与经济的矛盾等。至于哪对矛盾是建筑发展过程中起决定作用的主要矛盾，则需要根据不同发展过程作具体的分析。

（三）建筑区别其他事物本质的特征

生活空间和艺术形象这对矛盾标志着建筑区别于其他事物的本质特征。

一方面作为生活空间，它所体现的生活方式不仅包括人与物的关系，而且也包括人与人的关系（也就是说，建筑的生活空间不仅在功能上要满足人们的需要，而且，在阶级社会中，功能要求本身在很大程度上取决于人与人之间的阶级关系）。

另一方面作为艺术形象，它表现的审美观念则不仅反映人与人的关系，而且也反映人与物的关系（也就是说，建筑的艺术形象不仅反映人们的生产关系和精神，而且也反映出生产力发展水平和物质生活）。因此，建筑既不同于仅仅是意识形态的艺术，又不同于作为生产工具的机器，而且有别于作为交通工具的汽车和轮船以及作为生活工具的器皿与服装等。

作为意识形态的艺术，存在审美观念与艺术形象的矛盾，但却没有生活空间与艺术形象的矛盾，只有鉴赏价值而没有实用价值（不是说艺术没有功利性）。因此，建筑和艺术有相似的方面却又存在根本的、质的区别，这是显而易见的。

（四）机器和建筑之间也存在质的区别

作为人们有实用功效的劳动产品的机器，也是物质资料与意识形态的对立统一体，可是这一普遍矛盾在机器体现为生产工艺与机器结构的矛盾，因为在这里，意识形态作为存在的反映主要是以自然科学的形式出现，反映物的规律。机器结构也有形象，但它完全取决于物的规律，较少反映人与物的关系，完全不反映人与人的关系。不同于主要反映人与人和人与物的关系的艺术形象。

机器的某些特殊现象，如车辆和船舶与建筑有某种相似之处，尤其是大型客轮近于就是在水面上移动的旅馆建筑（可是它不是旅馆建筑，它不是供人寄宿的，而是交通工具）。这是因为：

一方面，车辆作为交通工具参与社会物质与精神生活的许多方面，船舶则在作为交通工具的前提下，是社会生活展开的一个特殊空间。也就是说在一定条件下它们具有生活空间的因素，不仅体现出功能要求，而且体现出人与人的关系，如舱位的等级，船长室和水手室的差别等。

另一方面，车辆和船舶具有相对独立于结构的外壳，因而它们的形象也有可能相对独立于物的规律，而在一定程度上通过它所表现的审美观念，进而反映出人与人和人与物的关系。不过，作为交通工具，物的规律终究占绝对支配地位，形象主要服从物的规律（科学技术），部分地反映出人与物的关系，较少地反映出人与人的关系；所以仍然不同于建筑。

（五）生活实用美术品虽然非常接近于建筑却有别于建筑

再看看实用美术品，如器皿、家具、服装等，物质资料与意识形态的普遍矛盾在这里体现为生活工具与艺术形象的矛盾。作为生活工具，它们比交通工具更多地参与生活的各个方面，因而它们的形象也比交通工具更多地表现出审美观念，更多地反映出人与人的关系。

特别是，从流行的服装不仅可以看出社会物质生活的一个侧面，还可以看出人们的精神状态和时代风尚。为什么旧社会的长袍马褂现已绝迹，为什么中华人民共和国成立后干部服、中山装如此普遍，都充分说明这个问题。可是生活工具毕竟不等于生活空间，前者的构成远不如后者那样要耗费大量的物质资料和劳动；前者存在的时间远不如后者那样长；前者直接影响的是个人生活而后者往往直接影响社会生活。更重要的是矛盾不同，解决的方法也不同。

（六）建筑的特殊矛盾还标志出作为建筑的园林与郊野的区别

它们虽然是生活空间，但郊野是自然形象，园林是艺术形象，郊野也可能经过人们的加工，园林则是人们的作品。

那么，生活空间与艺术形象哪一个是主要的矛盾方面？建筑作为人们有实用功效的劳动产品，生活空间一般总是矛盾的主要方面。可是在不同条件下，矛盾双方力量的对比会发生变化，有时是根本的变化，艺术形象转化为矛盾的主要方面。

（七）建筑与美学的辩证关系

建筑种类非常多，由类似机器到接近纯艺术的内在原因，也是人们可以对各种建筑提出不同程度的审美要求的内在根据。

可以挑选现实生活中几种最有代表性的建筑按矛盾力量对比的变化由左至右排列如下：

烟囱 车间 住宅 剧场 纪念馆 纪念碑

两端的烟囱和纪念碑留在以后再谈，先分析中间的 4 项。

1. 车间

这里是生产活动的空间，虽然活动的进行离不开工人之间、工人和管理人员之间的关系，但空间的组织主要取决于生产工艺过程，首先是严格服从物的规律和人与物的关系。所以矛盾双方，生活空间是占绝对支配地位的主要方面，艺术形象方面的地位则很次要（但不等于不存在）。

2. 住宅

这里主要是个人（家庭）生活的空间，当然首先要满足生理生活的功能要求，但生活不仅是睡觉吃饭，还伴随着娱乐、学习等，而且还有家庭成员之间及亲友之间的交往（主要是精神活动），加以功能方面的要求也不像生产规律那么严格，所以生活空间虽然仍是矛盾的主要方面，但艺术形象方面的地位逐渐加重。人们对它的审美要求也较高。

3. 剧场

这里是人们观看演出和集会活动的场所，仍然要满足功能方面的要求，坐舒服、看清楚、听明白、空气新鲜、便于大量人流集散，以及舞台演出要求等。可是观剧和集会本身就是意识形态领域的活动，这在建筑的艺术形象方面会有相应的要求。所以，生活空间虽然仍是矛盾的主要方面，但艺术形象方面的地位相应地更重要些，对生活空间方面的反作用也更大些。人们对它的审美要求也更高些。

4. 纪念馆

这里是纪念活动的空间，同上例一样，在这里进行的也纯然是意识形态领域的活动。艺术形象在矛盾对比关系中分量相当强。在功能方面的要求不很严格的条件下，也就是说矛盾中生活空间方面的分量比较弱的情况下，艺术形象就转化为矛盾的主要方面，人们对它的审美要求也就成为主要的方面。中山陵就是典型的例子。

但主要方面不是唯一的方面，不能脱离它的对立面——生活空间的制约而存在，所以不能不顾纪念活动的功能要求而完全按审美理想来塑造艺术形象，必须在塑造建筑艺术形象的同时，满足纪念活动的使用要求。关键在于矛盾的双方互相依存，互相制约，只看到矛盾的主要方面而看不到矛盾的次要方面，只重视矛盾主要方面的决定作用而不顾矛盾次要方面的反作用，都是错误的。

以上只是就建筑内部矛盾对比关系加以分析。但事物从来就不是孤立地而是和其他事物相联系地存在着。内部矛盾力量对比关系会受外部条件的影响。例如，位于大城市干道上的住宅与一般住宅比较，矛盾中艺术形象方面的地位相对地更重要些，对于它的审美要求也高些；位于偏僻地区的剧场与市中心的剧场比较，艺术形象方面的地位相对地就次要些，对它的审美要求也低些；甚至对大城市干道上的住宅比对次要地区的剧场的审美要求还高些。

现在返回去看看烟囱和纪念碑这两个极端的现象。

5. 烟囱和纪念碑

在上面由车间再往左，当矛盾中艺术形象方面的力量愈益减弱，直到消失，它的对立面生活空间也就不存在了，由量变到质变，事物的性质也就发生了质的变化。所以烟囱、水塔这类东西作为生产工具通常有一个区别于建筑的名称，叫作构筑物。可是它们不能独立存在而总是工厂区或住宅区或某幢建筑物的附属部分，只有在工厂区或住宅区或城市整体的意义上，它们才又获得生活空间的价值，同时它的对立面艺术形象的意义随之重新出现。人们对烟囱也就不仅有使用要求也有审美要求，而且如果在重要地点还有很高的审美要求。如北京展览馆剧场的两个宝塔形烟囱和儿童医院钟塔式的烟囱水塔（它们形象是否合理，是否美观姑且不论）。

上面举例由纪念馆再往右——纪念碑。矛盾中生活空间方面的力量逐渐变弱，直到消灭，它的对立面建筑的艺术形象也就不存在了。同样量变引起了质变，事物的性质发生根本的变化。纪念碑不再是生活空间与艺术形象的对立统一体，而仅仅是艺术形象与审美观念的统一体。所以，纪念碑的艺术形象不再受生活空间的制约，而仅仅取决于审美观念。它可以被塑造成任何形象，从几何形体到再现卫星、骏马，乃至干脆以人的形象出现。所以把它归入建筑类远不如纳入雕塑类更符合科学的方法，更符合事物的本质及其规律。

那么，天安门广场人民英雄纪念碑难道不是建筑吗？实践给予了最好的回答，最后实现的纪念碑正是在许多雕塑形象中选定的一个形象。虽然纪念碑也像烟囱一样存在于城市整体中，但它却不同于烟囱，它没有物质资料与意识形态的内部矛盾，缺乏内因的根据，外因不能使它起根本的变化。它所处的空间只能影响它在大小上、高矮上、材料上、颜色上等形式方面与环境适应，或在题材上与环境有一定的联系，但这也并不能使纪念碑成为建筑，尽管它有时可以采取建筑的形象。一切其他的雕塑如天安门前的华表、颐和园门前的狮子及体育场前运动员塑像莫不如此。

以上对建筑矛盾特殊性的探讨，目的在于认清建筑与其他事物的质的区别而不忽略它们的相似之处，从而在建筑创作实践中既不硬套又能借鉴有关方面的经验，目的还在于认清各种建筑所以有差别的内在根据及外在影响，从而在创作实践中不仅按照建筑的一般规律，而且进一步根据建筑的具体情况来具体分析、具体解决。同时，也只有从建筑的本质出发，才有可能认识建筑的美学特性。

二、建筑的美学特性

建筑既然有艺术形象的一面，而且作为生活空间的对立面又不同于其他艺术形象，这就有必要进一步研究建筑的美学特性。

（一）艺术形象更是审美观念的体现

美是客观地存在于形象（自然形象和社会形象）之中的，与社会生活（存在）相关的某种特性，具有这种特性的形象符合由社会生活（存在）决定的人们的审美观念时，就给人以美感，这样的形象就是美的形象。

建筑的艺术形象虽然是作为生活空间的对立面而存在，受生活空间的制约。但它所以能相对独立于生活空间或为其对立面，并予生活空间以反作用，正因为它还是社会审美观念的某种程度的体现。

审美观念不是一个僵化的概念。它是随着不同时代、不同民族的社会生活发展而发展的，是关于美好生活、美好品德、美好性格、美好事物、美好形象等的观念。它既反映人与物的关系，又反映人与人的关系的社会意识形态。在阶级社会中，人们处于对立的阶级地位，不可能有统一的审美观念，所以审美观念是有阶级性的。

马克思和恩格斯曾经指出，统治阶级的思想在每一时代都是占统治地位的思想。这就是说，一个阶级是社会上占统治地位的物质力量，同时也是社会上占统治地位的精神力量。支配着物质生产资料的阶级，同时也支配着精神生产的资料。因此，那些没有精神生产资料的人的思想，一般的是受统治阶级支配的。建筑的实现要耗费巨大的物质资料，更是主要表现出统治阶级的审美观念。

同时，审美观念作为社会意识不仅取决于社会存在，而且对社会存在有一定的反作用。所以，我们的建筑不仅要以其生活空间的一面为社会主义生产建设服务，为民众生活服务；而且还要以其艺术形象的一面表现劳动人民的审美观念，反映我国社会主义时代的面貌，给民众以美的享受，又对其精神起积极的影响，从而对社会主义革命和建设起促进作用。

建筑有没有这种能力？有。建筑本身发展的历史证明建筑不但能够，而且必然或多或少地反映当时的社会：在专制奴隶占有制的古埃及，金字塔宏伟而雄浑的，完全不符合人体尺度的庞大形象，象征统治者的超人力量和无上权威；在民主奴隶占有制的古希腊，神庙的形象则较为明朗，与人相称的尺度和鲜明的节奏（秩序）表现出自由民众的生活和民主精神；中世纪城邦的哥特式教堂以高耸的尖塔指向天国，宣扬神权；预示资本主义来临的文艺复兴时期，复古主义集仿古建筑形象，展示出对民主的向往；在为资本主义完成民族统一的中央集权君主国家中，"巴洛克"建筑的矫饰浮华透露了宫廷的淫佚奢侈和腐朽；资本主义现代建筑反映出资本主义的物质文明与竞争法则；在中国长期的封建专制社会中，庄严肃穆的宫殿显示出"天子"的神圣不可侵犯和绝对的统治。

既然外国和我国古代的建筑都或多或少地反映和歌颂了当时的社会和统治阶级，为什么我们的建筑就不能反映我国社会主义和歌颂当家做主的劳动人民呢？问题在于明确方向，从生活实际出发，大胆创造，通过艰辛的劳动，一定会出现无愧于我们伟大时代、伟大人民的建筑。

（二）建筑的精神感染力量

当然，从对建筑历史中几个最有代表性的时期的回顾，不难看出建筑所反映的是各个时代的一般精神，而不能直接、明确地表达具体思想。不掌握这点，尽管有良好的愿望却难免把剧场设计成五角形，或者徒劳地用伸出檐口的柱子表示干劲冲天，用红色大楼梯来表示登上共产主义大道。这是因为建筑的艺术形象受生活空间的制约，不能像其他的艺术那样再现人物的形象，再现生活的场景。那么它反映社会一般精神的能力又从何而来呢？

韩愈有两句咏桂林山水的诗："江作青罗带，山如碧玉簪"。十分贴切地点明了桂林山水那妩媚的性格。但是这种性格并不是桂林山水本身所固有的，而是自然作为人类社会的对象而存在，成为"人化的自然"，映上了人的性格，当然这种"人化的自然"的性格也不是因为诗人的比拟而产生的，它离不开自然山水本身形态的特征。否则这两句诗岂非不但可以形容桂林，也可以形容三峡、庐山、北戴河，到处乱用了，也不会因为它说出了人们普遍的感受而流传久远为人乐道了。

只不过建筑是人造的。人们有意识地使形象具有明显的形态特征，从而获得一定的性格来象征时代的精神而已。上面所列举建筑史各个时期的情况莫不如此。难怪黑格尔在划分艺术的类型时说，建筑艺术的基本类型就是象征艺术类型建筑虽然有自己的"短处"，却也有任何其他艺术都无与伦比的"长处"，它虽然不能再现生活，却作为生活空间直接参与生活，成为生活不可分割的一部分。

（三）生活空间是艺术形象存在的依据，艺术形象是生活空间存在的表现

既然建筑艺术形象的精神意义对生活有如此之大的依赖性，在建筑创作中就可以根据这个特点，使建筑形象从属于生活活动而加强其表现力。这就是说，应该力求建筑艺术形象的形态（不仅指内外体型，还包括内外立面的

处理等）和在这里所进行的活动所需要的空间有机结合，使形态所表现的建筑性格符合活动的性质（例如政治性建筑的庄严而又开朗，居住建筑的平静而又轻快，文化建筑的优雅大方，体育建筑的活泼有力等，具体到每幢建筑各有自己的特色）。

这正是建筑本身的特殊矛盾——生活空间和艺术形象的对立统一所决定的，这不是要表现功能，而是利用功能的不同表现来使建筑形态多样化，从而显示出民众多彩的生活；这也不是要表现建筑的性格，而是利用各种建筑性格从多方面反映时代的精神。这样的作品就会具有强烈的感染力。

但是，多年来我们的建筑创作，往往不管使用性质，不顾与功能相适应的空间形体，盲目地追求庄严、雄伟、气魄；不加区分地搞大广场、高台阶、宽门廊；到处是体型对称，轴线突出。不仅不适用、不经济，更严重的是把新中国的建筑搞得像旧衙门，和社会主义时代的精神格格不入。造成这种现象的原因，一方面在于封建思想及相应的审美观念的束缚；另一方面是由于没有真正认识建筑的本质，没有真正理解建筑美是依附于建筑功能的。

其实，建筑的不同使用性质正是建筑创作的题材。脱离具体使用性质去创造建筑艺术形象，就像找不到题材的诗歌一样，空洞无物，缺乏精神力量，只在声韵格律方面下功夫而陷入形式主义。这样的作品不仅缺乏感染力，而且形式本身也会日益贫乏，落到千篇一律。

按照以上的分析，可以进入建筑创作的内容与形式的问题。不难看出，生活方式和审美观念是内容，生活空间和艺术形象是形式。但因为建筑是生活空间和艺术形象的矛盾统一体，所以建筑的艺术形象不是简单地取决于审美观念，还受生活空间的制约。艺术形象的物质形态不能与生活空间的组织背离，艺术形象的精神性格不能和生活空间的活动性质脱节。同时，生活空间对艺术形象的制约作用不仅表现为它限制建筑的艺术形象不能任意塑造，而且表现为它使得艺术形象的物质形态多样化，精神性格丰富化。这正是矛盾双方相辅相成具有同一性的表现。如北京天文馆、广州友谊剧场、上海体育馆等建筑的艺术形象都很好地与它们各自的使用性质和空间组织有机结合，具有丰富的表现力。

（四）建筑技术和材料不是建筑的内容或形式，而是构成建筑的手段

既是构成生活空间的手段，也是构成艺术形象的手段。而且，因为建筑是用大量材料构成的，所以材料本身就在建筑形象上占有较其他艺术中更重要的地位。驯服材料的技术，用材料构成一个整体空间和形象的技术证明了人们的智慧和力量，使人们感到自豪，这是美感的一个重要来源。普列汉诺

夫在《没有地址的信》中提道："非洲许多部落的妇女在手上和脚上戴着铁环。……在她自己和别人看来都显得是美的。可是为什么她显得是美的呢？这是由观念的十分复杂的联系的缘故。对这种装饰的热情正好在这样的一些部落里发展着，按照施维费尔的说法，这些部落现在正经历着铁的……。"

当然在各个时期人们都是以当时那些标志社会生产力发展水平的材料和技术为美。这就是长江大桥钢结构、北京工人体育馆悬索屋盖和上海文化广场钢网架给人以美感的基本原因。所以，在建筑中使用新材料和运用新技术不仅能达到经济合理地构成生活空间的目的，还可以加强建筑艺术形象的表现力。当然我们不是为了表现物本身，而是利用物来表现民众的智慧和力量。

为了更好地利用物为人服务，就需要更好地掌握物的规律。马克思在"经济学——哲学手稿"中指出，动物只是按照它所属的物种的尺度和需要来造成东西，可是人善于依照任何物种的尺度来生产，并且到处善于对对象使用适当的尺度；因此人也是按照美的规律来造成东西的。这段话一方面说明人不同于动物，能按照美的规律创造；另一方面说明人只有认识物的规律，并善于利用物的规律，把物的规律和自己的目的在创造中结合起来，才能创造出美。在建筑创作中正是如此，离开技术的合理性就总是给人以牵强生硬的印象，达不到完美的境界。

此外，建筑和其他艺术还有一重大的区别，即它一经建成就长期固定在环境中（自然环境和城市环境），成为更大范围生活空间和艺术形象的组成部分，与环境的关系不仅影响到个体本身的美，而且关系到群体的美。

根据以上的分析，可以把建筑的美学特性表述如下：

（1）建筑形象；

（2）由先进技术和材料合理地构成；

（3）和环境相适应；

（4）与生活空间有机结合。

建筑美学表现出与活动性质密切联系的性格从而反映出社会的生活面貌与时代精神。

换句话说，这样的建筑形象也就是美的。各个建筑形象在上述各方面程度的差别也就带来美的差别。

当然，由于美是社会现象，美学特性是历史范畴，所以上述特性的各方面都因不同民族、不同阶级、不同时代而有不同的含义和标准。无疑，我们创作的建筑形象在各方面应符合我国的社会情况，特别是反映我国社会主义社会面貌和我们时代民众的精神。

三、高层建筑美学价值表现

（一）高层建筑的城市美学价值

高层建筑对一座城市的环境格调起着至关重要的支配作用，在决定作为生活居住城市空间景观的广大而复杂的因素中，高层建筑空间又是城市形象的关键。多数城市居民熟知和心神闪亮的城市标志物是高层建筑，以至于变为城市的代名词：东方明珠——上海，德方斯巨门——巴黎，皮特纳斯双塔——吉隆坡，101塔——台北……；另一方面，在城市人口集聚、摩天楼飞速发展的今天，一些粗制滥造高层建筑的失态反过来影响了城市形象，"钢筋混凝土的森林"就是这一反面角色的尊称，造成颓废的城市负面效应。

高层建筑的城市美学价值体现在城市物质层面和精神层面，主要涉及城市空间、城市形象和城市精神的美学价值。

1. 城市美学的含义

（1）城市美学。

城市美学的提出是基于城市物质文明的高度发展给城市带来的精神困惑与贫乏，旨在以审美式的情感调节来恢复城市发展中的人性价值。其实质是人的本质力量在城市中的对象化或外化，是人类自由创造的结晶，因此人们可以在城市中体验而获得愉悦。城市美学是指研究建筑、城镇、大地景观等一般审美规律的综合性部门分支美学……城市美学所涉及的美学门类则主要有环境美学、技术美学、生活美学、艺术美学。

城市美学是一门内容十分广泛的学科，与建筑美学既有重叠相似之处，更有超出建筑美学的广袤内容，尽管当代建筑美学的发展越来越关注建筑的社会、文化、环境价值和城市意义，也越来越多地涉及生活美学和环境美学等城市美学的内容，但城市美学比建筑美学要复杂得多，其领域也更广。

（2）城市美学的表现形式。

城市美学由诸多因素影响和决定的，涉及面很宽泛。但城市美学反映到城市实体上，并最终反映到人们的视觉和心理行为上，还是表现出具体形式和内容。人们在论及城市美学时，城市空间、城市形象、城市意向、城市精神是城市美学主要的具体表现形式。

城市空间和城市形象就是通过视觉感官对城市空间基本特征的反映，它最容易在视觉上给人们留下深刻的审美感受。人们对城市景观的拍摄、写生，都是对城市形象的最直观的反映。城市空间局部或者片段的美，是构成城市美学的一个方面，但局部或者片段的美不等于城市美，城市之美重在整体，重在关联。

城市意向是城市整体形象的一种反映。美国著名城市规划专家凯文·林奇就城市意向归纳出五个基本要素，即区域、边界、节点、路径和地标。这些要素反映出一个城市的总体特征及场所感和定向意义。城市意向所表现出来的一种城市形态，反映出的是城市物化形式内涵的美学特征，涉及文化层面，涵盖感官的、吸纳到心理的反映层面，对人的知觉行为有着强烈的刺激作用，它与人们的文化修养、审美心理等密不可分。一旦城市和人们的文化心理、审美情趣相吻合，人们便认为这是美的，也是易于接受的。城市意向是对城市的视觉整体性和选择性印象，这种印象是城市美学的主要表现方式和存在方式之一。

2. 高层建筑的城市空间美学价值

现代高层建筑已从简单的办公商务活动走向更广泛的城市生活范围，已不再仅仅是中心商业区的专利产品，而是从城市空间体系中衍生出来，形成城市结构的各个关键节点，并影响城市区位乃至整个城市的空间结构。高层建筑改变了城市空间形式，并直接导致了"高层城市空间"概念的产生，丰富并拓展了城市空间体系，创造出一幅幅综合性城市空间图景以及城市空间美学的新思维。

3. 城市的多维空间之美

工业化以前的城市是以平面延展为主的传统城市空间形态，随着现代意义的高层建筑 19 世纪末在芝加哥的大量涌现，使以二维扩展为主的传统城市空间向垂直延伸的立体空间形态转化，现代集群化的高层建筑发展使城市空间高度综合，并出现了城市功能的垂直分区和城市交通立体化组织，使得城市空间高度集约化、立体化和综合化，提升了城市空间效率和品味。高层建筑使城市空间、交通系统以及城市功能沿竖向有机复合，建筑内部交通空间并入城市交通网络，并衔接成整体，建筑空间与城市空间多维度穿插，垂直延展，浑然一体。

高层建筑使城市向垂直空间发展，城市空间在高度上形成了"三节头式"功能分区：地下停车场、设备空间、城市管网、贮备间、地下快速交通和地下人防工程网络等构成了城市地下空间系统；银行、超市、市场等城市商业网络分布在城市近地空间系统；而居住、办公、景观功能"静"区则分布在城市高空中。由于高层建筑带动地下空间开发和城市空间向高空发展，使城市地面街道层成为具有活力的社会生活空间场所，为城市提供社会交往、商业贸易、车辆交通和步行活动的城市空间和环境。

4. 紧凑城市和人性化空间

高层建筑的城市空间立体化解放了城市和街道底部空间，立体交通减轻了城市街道的交通压力，为形成方便、愉快的步行街和人性化环境提供了条件，并使建筑与城市空间在城市交通、街道景观、环境特征等方面建立一种密切和多层次的联系，以平面延展相聚集的建筑群体空间组织原则被打破，不同功能空间在垂直方向的拼合成为一大特征。高层建筑自身功能高度综合化，通过融入高层城市空间结构体系，既提高了城市空间的效用，又为市区生活注入了活力，并导致城市建筑密度降低，建筑呈现分散化集中倾向，城市景观和生态环保效益加强。

高层建筑使城市中的建筑容积率相对增加，建筑占地面积相对减少，提高了空间综合利用率和交通效率，节约了城市用地。高层建筑节省下来的用地为城市环境改善提供了空间，城市可以腾出更多的空间用来辟为公园和休闲绿地，有利于实现当代城市以人为核心的美学价值取向，生态化城市和以人为本的人性化空间得以实现。例如，寸地寸金的世界大都市纽约，林立的高层建筑解放了拥挤的城市空间，解决了城市发展的诸多矛盾，挖掘了城市高空潜能，既美化了城市空间，又腾出了休闲绿地，使城市更加贴近自然和人性。

（二）高层建筑的城市形象美学价值

建筑与城市的发展相伴而生，完整的城市形象是由若干优雅的建筑按照一定秩序的诗意组合，而鹤立鸡群的高层建筑是形成亮丽城市美的"形象大使"，是构成形态各异的城市空间的主角。作为城市制高点的高层建筑，其标志性、可识别性形成了城市人性化空间的定位坐标系统，构成城市意向，因而具有城市"导游"功能。

1. 标志性美学价值

标志性是高层建筑独创性和艺术性的体现。从信息论的角度来看，高层建筑的标志性源自富有层次结构的信息创新，以及市民对建筑创新信息的可接受性的辩证统一。高层建筑因其巨大的高度和体量而比其他类型建筑更具有心理震撼力，它们往往成为城市空间的标识和人们的记忆、定位坐标。

强标识性的高层建筑综合体就演变成为城市的象征：如曼哈顿高层建筑群，就变成了纽约的城市代名词；沙特国王中心则代表沙特利雅得；神圣家族教堂成为巴塞罗那的象征……

在观者视野中，高层建筑被认为是外向的参考点，对人们的行为路径具有很强的引导作用。对于城市记忆和认知，人们愈来愈强烈地依赖建筑，特别是高层建筑标志作为向导。

2. 城市可识别性的美学价值

城市可识别性包括城市空间物质形态和空间文化形态的可识别性。前者作为后者的物质载体，隐含着形而上的城市文化内质，属于深层次的城市文化层面的内容。城市建筑特别是高层建筑赋予了城市空间可识别性的美学价值。

黑川纪章事务所设计的新加坡共和广场大厦具有十分抢眼的雕塑切割形体的可识别性特征，它融入新加坡现代城市景观，因其自身的可识别性使得城市形象也具有独特性和标志性，并建构了具有现代意义和可识别性的城市空间体系。试设想，如果新加坡城市没有了具有标识性的高层建筑，城市则失去了可识别的特征，由此足以证明高层建筑对于城市美学具有极其重要的可识别性美学价值。

对于高层建筑物质空间形态而言，展示个性化的形态美是其美的一部分，更为重要的是融入城市环境并使城市空间形象个性化、特征化。因此，由高层建筑为主体构筑的城市形象的差异性和独特性是其城市美学价值的重要表现形式之一，它显现了城市空间的可识别性、象征性和城市精神。显然，高层建筑不是填塞城市空间的普通建筑，而是构成城市地标系统的关键节点，是城市物质空间形象和景观的主体。

（三）城市精神的象征

"城市精神是一种深层次的社会意识，是指以城市为中心的文化形态及与城市有关的精神现象的总和，即城市精神是城市的历史文化、城市的建筑风格、城市的形态格局，以及城市市民的综合素质、文明程度、价值取向、思想情操和精神风貌的综合反映，是城市政治、经济和文化在精神领域的集中体现。"精神是人的灵魂，人性的根本，同理，城市精神是城市的灵魂，是城市文明的核心，是城市政治、经济和文化的产物，具有明显的城市特色。

城市精神是城市的气概与风度、气质与涵养，能够呈现城市整体所特有的思想、文化特色和内涵，它是一个历史范畴，可记忆、可遗传，有延续、有变异，反映城市文化内质和精神面貌，体现城市审美价值趋向和品味。

城市精神本身只是一个抽象的概念，表现为城市的人文精神与科学精神，具体体现在城市的物质层面和精神层面。而城市精神的物质层面包括城市历史街区、城市建筑、城市空间形态、城市环境等。城市建筑和城市空间是城市最基本的构成物质要素，不可避免地充当了城市精神的载体，使之具有形象性与可视性，特别是高层建筑，是城市精神的物化形态的最典型载体。

以上海市为例，外滩近代高层建筑风景线和隔江相望的陆家嘴当代高层建筑群就是上海城市和城市精神的象征：敢为人先，海纳百川。以宽容、融合、扩张、整体性的曼哈顿高层建筑群体现了美国纽约城市精神：高度的民族融合、文化宽容精神，永无止息的创新精神和自强不息的竞争意识。

　　19世纪以前的城市形态是一种由大量多层建筑构筑的安定的城市形象。现代城市以一种理想化的高层立体化的结构模式往高空发展，大量高层建筑和由此产生的城市立体交通系统极大地改变了城市形象，从此高层建筑占据了城市中心地段，形象显赫，取得城市空间的"霸主"地位，"城市精神"的形象大使的重任应运而生。高层建筑推动了城市高速变革，深刻改变了城市面貌，体现城市时代精神。

第二章 建筑施工技术发展

　　到了 20 世纪 80 年代，我国实行了改革开放政策，建筑业在全国（尤其在北京、上海、广州、深圳等地）出现了突飞猛进的发展局面，从而带动了施工技术的大发展。近 40 年来，全国建筑业持续、稳定发展，施工技术、施工水平与日俱进，建筑业发展速度在全世界可以说是首屈一指。

第一节　新中国 60 年来的建筑施工技术重大发展

　　回忆 60 年来我国建筑施工技术的巨大发展，是过去不敢想象的。20 世纪 60 年代北京的伟大首都建设，全北京仅有两幢 8 层高楼以及少量的多层建筑，整个北京市容很差。从 20 世纪 50 年代开始一直到 70 年代中期，除了国庆 10 周年的"十大建筑"外，建筑业发展速度并不理想，尤其在 60~70 年代建筑业不振兴的局面一直持续到 1976 年。在这一阶段北京建筑以多层（6 层以下）为主，极少有高层建筑（十几层）。1976 年终于有了突破，北京开始建设"前三门"十里长街 40 万 m^2 以住宅为主的高层建筑，采用了钢筋混凝土剪力墙结构体系，并大面积采用大模板施工工艺（当时由法国引进），尤其是 1979 年十一届三中全会后，以大模板施工工艺为主体的高层建筑开始迅速发展。从此，北京高层建筑犹如雨后春笋般地蓬勃涌现。目前，仅北京市每年在施工的面积都超过 1 亿 m^2，相当于中华人民共和国成立前全北京原有建筑面积的 6~7 倍，全国其他城市包括上海、广州、深圳等大城市及许多中型城市都是日新月异，即使在一般县一级的小城市，高层建筑和标志性建筑也纷纷拔地而起。

　　随着建筑业的迅速发展，施工技术也突飞猛进，突出表现在以下方面。

一、机械化水平有了很大提高

　　20 世纪 50 年代初现场运输是靠扁担人工搬运。1959 年开始号召"放下扁担"采用手推车。

垂直运输由肩挑人扛的人工搬运变为使用井架卷扬机,这种局面一直维持到 70 年代初,当时也试用了一些自制塔式起重机或轻型起重机,但数量极少,全北京只有十几台塔吊;70 年代中期才普遍推广了塔式起重机等大型机械。现场水平运输从 70 年代初期通过技术革新,开始由工地自制小型"翻斗车"逐步代替了手推车,到 80 年代初,施工现场基本实现了水平运输机械化,全国其他地区(除上海外)则比北京晚 5~10 年。

土方工程在 50~70 年代初基本上是人工开挖,只有少量土方量大的工地采用屈指可数的几台进口挖土机,到了 80 年代才逐步实现了土方施工机械化(包括挖运及回填)。

二、工厂化、预制装配化水平和专业化施工有了迅速发展

在 20 世纪 90 年代以前,我国建筑业基本上是"大而全"和"小而全",每个工程都由一个综合施工公司包揽工程的全部项目(除个别门窗外)。

(一)专业化施工的发展,各专业的技术水平都有较大的提高

从 90 年代中期开始,随着工厂化水平的迅速提高,再加上城市现场场地十分狭小紧缺,分包项目日渐增多,促使在较短时期内很快实现了混凝土集中搅拌(预拌混凝土),各种专业化的公司(厂)也都纷纷成立(如幕墙公司、装饰公司、防水公司等)。一般总包只承担结构工程,土方、护坡、防水、装饰等都由专业公司进行分包,从而大大提高了专业化和工厂化水平,逐步与国际接轨:目前一个大工程往往由数十个甚至上百个分包单位参与施工,从而使我国建筑业在工业化道路上迈出了可喜的一大步。

(二)我国钢筋混凝土预制装配式工艺的发展历程

早在 20 世纪 50 年代中期,北京建立了全国第一个现代化预制构件厂,主要生产小型构件(如空心楼板等)。从 1958 年开始,预制构件厂犹如雨后春笋,纷纷建立,许多二级公司和工区都有自己的预制构件厂。此外,由于当时工业建筑建设量大,除预制构件厂生产一些中小型构件外,一些大型构件(如预制桁架、柱等)都在施工现场就地预制,达到强度要求后就地吊装;当时还没有大型吊车,往往采用独脚扒杆、人字桅杆等土法上马。

60 年代初,北京多层厂房(框架结构)较多,工地都采用了现场预制钢筋混凝土构件,就地安装(如北京的 232 工厂)。绝大部分的民用建筑楼板在 60~70 年代一般都采用预制空心楼板,由预制构件厂供应,预制空心楼板一

般均采用预应力（或非预应力）长线法生产，有 3 m 多长的短向板，也有 6 m 左右的长向板。

70 年代，不少框架结构的公用建筑也都采用预制装配式结构，同时在多层住宅工程中也大力推广全预制装配式结构，包括内、外墙体都采用钢筋混凝土预制壁板，并且在钢筋混凝土高层（12 层）建筑中也开始研制推广。1976 年唐山大地震后，随着"前三门"钢筋混凝土剪力墙结构现浇大模板施工工艺的出现，全装配结构住宅随即停止步伐。1976 年北京前三门大街 40 万 m^2（以高层住宅为主）的钢筋混凝土剪力墙结构采用大模板施工工艺，北京发展高层建筑取得了重大突破，其结构形式是外墙采用预制壁板（墙板），内墙全部为现浇钢筋混凝土墙体，楼板为预制空心楼板，内隔墙为加气条板，这种结构体系施工方便，进度快，基本上没有抹灰作业，可以大大缩短工期。

后来，由于商品混凝土的迅速发展，为了降低成本，逐步演变为内外墙体全现浇，楼板也取消预制采用现浇。这种钢筋混凝土全现浇剪力墙结构体系，采用大模板施工工艺，一直沿用至今，尤其在住宅、宾馆和饭店等工程中更得到广泛推广应用。该体系虽然采用了大批混凝土的现浇工艺，但由于预拌混凝土及泵送技术等的持续发展，也充分体现了工厂化、专业化水平的提高，成为发展工业化施工的一条重要途径。

三、模板、脚手架工程有较大发展

20 世纪 50 年代的建筑施工，基本上都采用杉木脚手架和木模板，因为当时我国钢材非常紧张，木模板一直沿用到 70 年代中期。模板工程所用的支撑系统、木龙骨、模板面板分别采用了 10 cm×10 cm，5 cm×10 cm 方木，面板采用 1.5 cm 厚的木板（锯材），梁、柱采用 5 cm 厚板以节约木材。

（一）钢制大模板及组合定型小钢模体系

20 世纪 60~70 年代还充分利用短、残木料拼成小型定型木模板周转使用，在这期间极少使用钢模板或钢支柱。直到 1976 年出现了北京"前三门"40 万 m^2 钢筋混凝土剪力墙结构大模板施工体系后，才开始采用钢制大模板。

不久，又从日本引进了"组合定型小钢模体系"，由 2.3~2.5 mm 厚的钢板制成，宽度分别为 100 mm，150 mm，200 mm，250 mm 及 300 mm，长度分别为 600 mm，900 mm，1200 mm，1 500 mm 及 1 800 mm，四边框肋高为 55 mm。从 80 年代初开始引进，一直沿用到 90 年代，这种小钢模使用方便，周转次数多，耐久性好，易于拼装，可用于楼板、梁、柱等各种钢筋混凝土构件，与钢大模配套使用，颇受欢迎，但其最大的缺点是拼缝太多，模板整体刚度不理想，成型后的钢筋混凝土构件表面平整度差。

因此，80年代末开始研究试用600 mm宽的中型钢框木面板的中型定型组合模板，90年代初开始大面积推广，大大减少了拼缝，从而使钢筋混凝土构件表面平整度得到了控制，很受欢迎。由于木胶合面板容易损坏且与钢框接合不牢，逐步又将木面板改为全钢中型定型组合模板，一直维持到21世纪初。

随着"项目经理部"成立，项目核算出现，项目部为获取较好经济效益，不愿花巨资购买价格高的定型钢模，而愿意采用低价的木质多层板及方木来制作模板，这样工程完工即可摊销完，因此，近几年来木模板又卷土重来。

（二）模板立柱钢管

现浇楼板模板的立柱从80年代中期开始普遍采用了钢管，有专用模板立柱，或利用碗口脚手架、扣件钢管架（当层高较高时采用）做支撑杆件，端头设有可调节的丝口调节器。80年代初及90年代个别工程还使用了"飞模"，只是昙花一现，没有得到推广应用。从90年代开始，在钢筋混凝土结构核心筒部位还成功地采用液压提升模板，效果较好，但未能大面积推广。

（三）模块脚手架等工程的出现

北京在20世纪50年代脚手架工程都使用了杉篙脚手架，60年代初，个别工程采用了钢管扣件脚手架，因投资大用不起未能大面积推广。当时推广采用里脚手（有立柱式及平台式两种）解决砌砖脚手架。外装饰施工采用挂架（有单层和双层两种），后来还出现了"桥式外脚手架"（结构施工用）和从屋面悬吊下来的用钢管扣件临时组装成的吊架（后逐步发展成为电动吊篮），主要解决高层建筑的外装修施工。

总之，从60年代至80年代期间基本上处于不搭或少搭外脚手架，用各种简易架子来代替。同时该期间一般建筑以多层砖混结构为主，即使在"前三门"40万m²高层建筑中，外墙都采用了预制外墙板，装修采用了屋面吊架施工，亦未支搭外脚手架。直到80年代中期，由于高层建筑框架结构及复杂外形建筑的大量出现，同时我国钢材供应情况好转，才大量使用了钢管扣件脚手架。

1988年亚运工程施工中又首次应用了碗口脚手架，在模板支撑系统中可以不用拧螺栓，操作方便，很快得到了推广应用。2005年奥运工程建设开始，在水立方、机场航站楼等工程中又成功引进并推广了插片式的安得固脚手架，采用Q345级高强度钢管，外镀锌，用卡片连接，支撑系统工具标准化，因此又可叫"模块脚手架"，近几年来在北京迅速得到推广应用，不仅用于各种脚手架，且适用于作钢结构安装的承重平台，操作方便，节省钢材，支搭牢固，深受欢迎。

除了卡扣式外，最近在连接方面又出现了"轮盘卡片"式等多种连接形式。为了少用钢材，从90年代开始推广了由钢管扣件脚手架组装成的提升外脚手架，脚手架只搭设4层，随进度逐层提升，提升可采用手动葫芦或电动设备。

四、钢结构施工技术迅速发展

20世纪50年代初至90年代中期，北京建筑结构体系是以多层混合结构为主体，从90年代中期至今已经发展到以高层钢筋混凝土结构为主体。由于超过30层的高层建筑发展很快，因此进入21世纪后，北京钢结构高层建筑及劲性钢筋混凝土结构发展迅速，尤其在北京CBD（中央商务区）等地区，不少高层建筑都采用了钢结构或劲性钢筋混凝土结构。

目前，北京最高的钢结构建筑是国贸三期，高达330 m，其次是银泰中心及北京电视中心，高度都在300 m左右，尤其是2004年以来，奥运工程、中央电视中心、首都机场3号航站楼等重大工程都采用大型钢结构，不仅体量及用钢量大，且结构复杂，外形要求高，给钢结构施工带来了极大的困难，如鸟巢工程钢板焊接厚度达110 mm，使用了上千吨焊条；有些钢结构使用了Q460高强钢板，安装技术要求高；采用高空单元散装技术，划分了100多个单元，每个钢结构单元都重达几十吨，有的单元重达100多吨，由78个支承点用觋600钢管组成的支承塔架。

又如，国家体育中心采用了双向预应力钢结构（下弦是预应力束），奥运工程中不少场馆都采用了不同形式的预应力钢结构，其制作安装难度非常大。如在国家体育中心双向预应力桁架的安装，在钢筋混凝土看台已经施工完毕的不利条件下采用了三滑道、支托上弦及移动胎架和固定胎架相结合的"滑移技术"，属于国际首创，是经过几次专家会的讨论，才制定下来的施工方案。

总之，我国的钢构件制作（包括超厚钢板焊接）、运输、拼装、安装等都是国际上领先的。钢结构的提升技术发展很快，如国家图书馆和A380机库都超过一万多吨一次提升的工艺。

五、装饰工程不断创新

建筑装饰工程不仅仅是施工技术问题，还涉及装饰材料的生产问题。20世纪50年代至70年代中期，一般多层混合结构只采用勾缝或水泥抹灰打底，面层为水刷石、干粘石或少量剁斧石。70年代中期高层建筑增多，水刷石因工艺复杂被干粘石替代。

（一）外装饰材料的更新

到了 80 年代，由于干粘石易脱落（石子粘不牢），也逐步被各种涂料或面砖所代替。随着我国经济条件日益改善，对外墙饰面要求越来越高，于是从 80 年代中期开始采用石材饰面，开始时按传统水泥砂浆粘贴，后发现这种湿作业因雨水侵蚀产生返碱，使石材变色，造成"大花脸"。

90 年代中期开始推广"干作业"，用不锈钢挂件固定石材，这项工艺一直沿用至今。

我国玻璃幕墙是 80 年代初开始使用的，最早在北京长城饭店工程（建筑面积约 8 万 m²）首次使用，当时还不能自产，从比利时进口的反射型玻璃幕墙（银灰色）全部采用预制大块（每开间一块）安装，从此开创了全国使用玻璃幕墙的局面。

到了 90 年代，各地纷纷建立起生产玻璃幕墙的工厂并负责设计和安装，进入 21 世纪后，由于全国高层（超高层）建筑的大量涌现，玻璃幕墙的应用形成了高潮，主要原因是玻璃幕墙自重轻，施工方便，外形美观，集围护和装饰为一体。与此同时，铝合金、石材幕墙也有了进一步的发展，并且不少建筑将石材幕墙（或铝合金幕墙）与玻璃幕墙相结合在同一建筑外立面上使用，效果很好，这类幕墙一般都使用于大型公共建筑或一些标志性建筑工程中，一般高层住宅仍以外墙涂料或各种面砖为主。

（二）内墙装饰发展很快，住宅标准日渐提高

内装饰一般都根据用户经济条件自行选用。20 世纪 90 年代前的水泥地面已被木地板、石材和地砖所替代，21 世纪以来，人造石材（光面）使用较多。在 20 世纪 80 年代曾出现墙面贴墙纸的高潮，后来逐步减少，目前已很少，一般都使用耐磨耐擦洗涂料。各类吊顶装饰（吸声板为主）一般只用于办公楼等公用建筑，住宅楼很少使用。

石材墙面一般用于较豪华的公用建筑，如火车站、宾馆及银行等。室内用石材已从花岗岩、大理石等逐步发展为各种人造光面石材，色彩温柔均匀，给人以清爽的感觉。

六、钢筋混凝土技术迅速发展

20 世纪 50 年代我国使用混凝土强度用"标号"表示，现浇混凝土一般为 110 号，即每平方厘米抗压强度为 110 kg，并兼用 1：2：4（水泥：沙子：石子）体积比，施工用水量凭经验控制。后来很快就使用了重量比，并规定了水灰比用来控制用水量，个别钢筋混凝土结构使用 140 号，预制混凝土才

使用 170 号或 200 号混凝土，素混凝土的标号有 50 号、75 号和 90 号。

（一）钢筋混凝土的强度增加

为节约水泥，用 400 号水泥配制低标号混凝土时必须加粉煤灰。当时一般住宅楼板厚度仅 80 mm，钢筋以 6 为主，这种局面一直维持到 70 年代，由于钢筋混凝土高层建筑的出现，并受到国际影响，从 70 年代中期开始制订了新的混凝土强度等级标准，一般钢筋混凝土构件（现浇）至少为 C20；在 80 年代末以前，混凝土强度等级最高为 C30。

1988 年，北京新世纪饭店工程首次使用了劲性混凝土，要求混凝土强度等级达到 C40，为此专门确立一项高标号混凝土的研究课题，成功试制出 C40 混凝土的配合比，当时还没有高标号水泥，因此掺加了硅粉等掺合料，此后对混凝土强度的研究工作蓬勃开展起来，到了 90 年代就出现了 C60 强度等级的混凝土，21 世纪以来已成功地应用了 C80 或更高强度等级的混凝土。

（二）在混凝土中掺加粉煤灰

早在 20 世纪 50 年代就开始应用该技术，目的是为了节约水泥，只是在高标号水泥配制低标号混凝土时使用，使用的粉煤灰也只是电厂未经磨细的原灰。70 年代后期粉煤灰使用的范围逐步扩大，磨细粉煤灰可以等量替代部分水泥，目的还是为了节约水泥。直到 80 年代末，北京市科委确立了一项科研课题，对掺粉煤灰混凝土的后期强度进行了研究，发现掺粉煤灰的混凝土后期强度要比不掺粉煤灰混凝土的强度有较大增加，从而确定掺粉煤灰的混凝土在高层建筑的地下部分，可以利用 60 d 或 90 d 的后期强度作为设计混凝土的强度等级。

实践证明，该技术不仅能节约水泥，节约能源，保护环境，更有意义的是因水泥用量减少，可以减少混凝土收缩，对控制混凝土裂缝和混凝土耐久性大有帮助。这项技术近几年来有了进一步发展，有些工程 C40 混凝土的水泥用量仅 200 多千克，粉煤灰掺量竟达 50% 左右，这在以前是万万想象不到的。

（三）混凝土工程的搅拌、运输和浇筑

20 世纪 50 年代初只有少数工程采用 400 L 滚筒式搅拌机，大部分都是人工搅拌，到 50 年代后期虽然改用机械搅拌，但一直到 80 年代初都沿用这类旧式搅拌机，大部分都是人工上料，手推车运输砂石和混凝土，并且都在现场搅拌机附近堆放砂、石、水泥等建筑材料，占用一大片施工用地，尽管 70 年代中期个别也曾采用了几种集中搅拌混凝土的组织形式，但由于经济、设备等原因，一直未能推广。直到 80 年代末，国家制订政策以后，集中搅拌

（预拌混凝土）才获得大面积推广，混凝土输送泵也得到大量应用。

预拌混凝土大大提高了混凝土施工的机械化水平，同时也迅速保证和提高了混凝土施工质量和施工速度，1996年北京某工程基础底板在24h内浇灌混凝土量达1.25万 m^3，近几年还创造了更高的记录。

2004年以来，全国研究推广了高性能混凝土，尽管对高性能混凝土的定义还不统一，但要求混凝土应提高其耐久性、可操作性、抗裂性（含掺入矿物掺合料）及经济性，这个发展方向是正确的。近几年，我国混凝土技术正向着这个方向发展，同时，清水混凝土技术也有了很快的发展。

清水混凝土分两类，一类是不抹灰的清水混凝土（刮腻子即交工）；另一类是装饰混凝土（原质原味）不做任何表面处理，北京已经做到一般现浇混凝土构件不再抹水泥砂浆面层，这对解决抹灰起鼓、开裂问题，省工省料，提高工程质量，加快施工进度和降低成本都极为有利。

七、钢筋和预应力技术有了较大发展

（一）钢筋技术

20世纪50年代初使用的钢筋基本上都是圆钢（又叫1号、3号钢或Ⅰ级钢），屈服强度仅为1 800~2 100 kg/cm^2；后出现了螺纹钢（又称5号钢或Ⅱ级钢），屈服强度为3 200 kg/cm^2。一直到80年代才生产Ⅲ～Ⅴ级钢（其中Ⅳ、Ⅴ级钢仅用于预应力钢筋），到90年代末才大面积推广应用了Ⅲ级钢（强度为3 800~4 200 kg/cm^2），这个等级的钢筋一般都用于大型钢筋混凝土构件或点焊网片中。

粗钢筋（Ⅲ级钢）一般不作预应力钢筋，大量的预应力构件都采用由高强度钢筋（丝）编成的钢绞线或钢丝束。60年来钢筋加工技术没有多大变化，只是已很少在现场加工。粗钢筋连接技术（接头）由80年代电弧焊焊接接头经改革创新，到80年代后期发展为电渣压力焊，1987年出现了锥螺纹接头和套筒冷挤压接头等机械加工接头，并很快在一些重要工程中得到应用，到90年代初又在锥螺纹钢筋接头的基础上研制推广了直螺纹接头（有挤压和剥肋两种），经长期使用，目前剥肋直螺纹接头最受欢迎，这种接头一直沿用至今，其他各种钢筋接头目前几乎都已被淘汰，一般20以上钢筋的连接接头都使用直螺纹接头。

据有关资料介绍，20以上的钢筋接头使用直螺纹接头甚至要比绑扎接头的经济效益好。

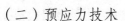

（二）预应力技术

我国从 1957 年就开始推广应用了预应力技术。全国以山西太原为预应力基地（因当时太原建造了大批工业建筑），1958 年开始举办了学习班，很快在全国开始大规模推广，当时各地大兴工业建筑（厂房），预应力技术大量被使用在工业建筑的大跨度厂房（18 m，21 m，28 m，30 m），钢筋混凝土拱形屋架及 6 m 跨度的重、中型吊车梁等构件中。

一般大型屋架采用后张法也使用了电热张拉法，吊车梁使用先张法长线台座生产，后来将预应力技术使用到 1.5 m×6 m 的大型屋面板构件中，采用先张法台座生产，60 年代初在预制空心楼板等中、小型预制构件中推广使用，分别采用长线法（露天生产）或厂房内用蒸汽养护的模外张拉小型构件。小型预应力构件一般采用冷拔钢丝或高强度钢筋（丝）做预应力筋。

80 年代末期，在现浇钢筋混凝土结构中又开始应用了"无黏结预应力"技术，广泛在大跨度楼板（包括无梁楼板）和一般中小型梁等构件中使用。大跨度钢筋混凝土现浇梁也都普遍采用了后张预应力有黏结混凝土技术（最长的梁超过 30 m）。当下，预应力技术又在大跨度钢结构屋盖工程中得到推广应用，北京奥运工程中已普遍使用了这项技术。

八、建筑节能、绿色施工和其他

从 20 世纪 90 年代开始，为贯彻国家建筑节能的技术政策，北京从建筑外墙节能下手，要求分三大步骤，开始要求节能 30%，后来要求节能 50%，到 2006 年要求达到节能 65%。

从 90 年代中期开始就要求对建筑外墙做保温，当时为施工方便都采用"外墙内保温"，到了 21 世纪初，发觉外墙内保温弊端较多，就改为研究开发的"外墙外保温"技术，采用粘贴聚苯板，面层用玻纤网格布聚酯水泥砂浆抹灰的工艺；另外，还有少数工程采用将聚苯板直接放在大模板内（外侧）与墙体混凝土同时浇筑连成一体的工艺（有锚固钢筋连接聚苯板）；也有将预制保温装饰板直接固定在外墙面上；还有将聚苯板等直接浇筑在墙体混凝土中形成夹心保温墙。最近在框架结构中还直接使用保温砌块，取消了保温层。

但是，外墙保温技术迄今还在摸索阶段，尚未找到满意的工艺（做法）。在奥运工程的带动下，目前我国正在向绿色施工和绿色建筑进军，重视节能、节水、节地、节材和环保（四节一环保）工作，积极使用可再生的材料资源和控制在施工中抽排地下水资源等。

电子计算机技术在建筑业中已广泛推广应用，尤其在各设计单位，电脑计算、绘图已很普遍；在施工领域中，不少放样、管理等方面也已普遍采用；

对施工单位某些关键技术（如钢结构卸载等）也都使用电子计算机模拟技术，不少施工监测工作中也都充分发挥了电子计算机的优势。

综上所述，改革开放 40 年来，我国建筑施工技术突飞猛进，目前我国不少施工集团企业都纷纷参加国际竞争，到海外承包工程，在国际上广受好评。中国建筑业的变迁，证实了我们国家集中财力办大事的优越性，更证实了中国人民的创造能力。

第二节 关于建筑工程技术设计方面的研究与探讨

一、建筑节能技术方面的探究

（一）整体及外部环境的节能设计

建筑整体及外部环境设计是在分析建筑周围气候环境条件的基础上，通过选址、规划、外部环境和体型朝向等设计，使建筑获得一个良好的外部微气候环境，达到节能的目的。

（二）合理选址

建筑选址主要是根据当地的气候、地质、水质、地形及周围环境条件等因素的综合状况来确定。建筑设计中，既要使建筑在其整个生命周期中保持适宜的微气候环境，为建筑节能创造条件，同时又要不破坏整体生态环境的平衡。

（三）合理的外部环境设计

在建筑位址确定之后，应研究其微气候特征。根据建筑功能的需求，通过合理的外部环境设计来改善既有的微气候环境，创造建筑节能的有利环境。主要方法如下。

在建筑周围种植树木、植被，既能有效地遮挡风沙、净化空气，还能遮阳、降噪；创造人工自然环境，如在建筑附近设置水面，利用水来平衡环境温度、降风沙及收集雨水等。

（四）合理的规划和体型设计

合理的建筑规划和体型设计能有效地适应恶劣的微气候环境。

1. 主要内容

它包括对建筑整体体量、建筑体型及建筑形体组合、建筑日照及朝向等方面的确定日照及朝向选择的原则是冬季能获得足够的日照并避开主导风向，夏季能利用自然通风并防止太阳辐射。

2. 规避东西朝向的日晒

然而建筑的朝向、方位以及建筑总平面的设计应考虑多方面的因素，建筑受到社会历史文化、地形、城市规划、道路、环境等条件的制约，要想使建筑物的朝向均满足夏季防热和冬季保温是困难的，因此，只能权衡各个因素之间的得失，找到一个平衡点，选择出这一地区建筑的最佳朝向和较好朝向，尽量避免东西朝向的日晒。

（五）单体的节能设计

单体的节能设计，主要是通过对建筑各部分的节能构造设计、建筑内部空间的合理分隔设计，以及一些新型建筑节能材料和设备的设计与选择等，来更好地利用既有的建筑外部气候环境条件，以达到节能和改善室内微气候环境的效果。

二、智能化技术在建筑中的应用

（一）企业开展信息化的程度直接决定了其服务管理的水平、生产发展的提升程度

由于思想意识的偏差，一些建筑企业管理者认为，全面运用信息技术实施企业施工管理只不过就是购买一些计算机硬件设备、搭建一个企业互联网平台及施工数据管理系统，并对系统实施必要的维护管理即可以实现施工企业的信息化建设了，这样的观点显然是偏面的，只能称之为表象的、肤浅的信息化建设。

要加强领导者对信息化建设的重视力度，最首要的任务便是切实让他们体会信息技术为施工企业创造的巨大附加价值财富，即企业依据信息化资源的有效管理能正确地把握市场定位及走向，依据系统的辅助决策支持采取正确的投资行为，切实提高企业的经济效益，并最终成为行业的先驱与佼佼者。因此，在施工管理实践中，我们只有依据科学的信息技术制定合理的发展规划、构建完备的业务流程，创立科学的施工管理组织结构、建立统一的制度管理体系，才能使传统落后的生产管理模式得到充分的变革，使施工企业之间、管理部门与下属部门之间、企业与政府之间通过合理的信息技术使信息交换更具实时性、高效性、共享性。

（二）促进信息化的共享建设成为建筑施工管理的有力工具

当然，在强化管理者重视信息化建设的同时，我们还应注重对企业技术骨干的激励培训，使他们切实成为信息化建设的主力军。面对建筑行业的飞速发展，越来越多的大规模建设项目成为施工企业的主要建设对象，而这些项目往往涉及众多的国内外工程文件，包括进度安排、审核标准、图纸、设计变更等，其中包含的信息量之大、涉及面之广是我们无法估量的。倘若一味地采用纸质文件传输方式，势必会给工程项目信息的横向管理及实时纵向沟通增加大量的冗余环节，使多层次的交流方式导致信息误差率的提升，使低效、高成本的运营给施工企业造成巨大的经济损失。

因此，我们只有充分的利用信息化技术，在基于网络环境的基础上切实构建建筑企业信息化共享平台及网上办公系统，才能真正简化信息传递的复杂环节，使纸质文件退出建筑施工管理的历史舞台。另外，我们还应切实扩大建筑施工企业信息化建设中的网络应用职能，利用自动化办公系统推进网络招标、网上采购、网络会议及网上资料查询等工作的全面开展。

三、对建筑防水技术的探讨

根据屋面防水现状和长期的工作实践，屋面防水应从设计、材料、施工、管理等方面进行监控，多管齐下，从而提高屋面防水效果。

（一）施工条件的准备

施工条件成熟与否直接关系到施工的质量。设计的实施、施工的进度、质量都依赖于条件准备是否充分。因此应做好技术准备，如选用专业施工队伍、图纸会审及交底、确定检验项目等；物资准备，尽量不要进行防水层施工；编制施工方案等方面的工作。

（二）屋面防水层各相关层次的施工要求

1. 结构层

应具有较大刚度、整体性好、变形小，最好采用整体现浇板、防水混凝土板，若结构层采用预制装配式板，板缝应用 C20 细石混凝土填嵌密实，细石混凝土还宜掺加微膨胀剂，当板缝宽度大于 30 mm 或上窄下宽时，板缝内必须配置构造筋。

2. 防水层

防水层的功能就是防水，它是整个防水工程的核心和关键，它是防水工程各方面努力结果的集中体现，它也是直接影响防水工程成败的关键，它主要是用防水材料来实施的。采用涂膜防水层时，板缝上部凹槽应嵌填密封材料。

第三节 建筑施工技术的发展方向及现状

一、当前建筑施工主要面临的技术问题

探究建筑施工主要面临的技术问题，从以下几个方面进行阐述，即建筑施工原材料的问题，建筑施工工艺存在的问题，建筑施工人员的技术能力限制等。

（一）建筑施工原材料的问题

原材料的问题，是房屋建筑施工中面临的首要难点。企业是以盈利为主的实体经济组织，而企业的利润主要来自收入的增加和成本的压缩。建筑施工中的原材料恰巧是企业成本压缩的重点部分。有些企业为了降低成本，选择了品质较差的施工材料，导致了建筑的强度不过关，成了令人唾弃的"豆腐渣工程"，这对于房屋建筑质量的提高埋下了隐患。

（二）建筑施工工艺存在的问题

1. 混凝土建筑施工工艺存在问题

对于混凝土组合板的安装，通常都是根据施工人员的个人经验来展开的，很难确保混凝土施工工艺达到标准，导致混凝土浇筑过程中出现构建不完整和影响浇筑质量的问题。对于混凝土浇筑，看似比较简单，但是混凝土建筑在相关因素的控制上难度还是比较大的，并且混凝土施工工艺中混凝土混合搅拌质量也十分重要。

另外，关于混凝土振捣技术的相应突破，在振捣的相关部位选择的时候，一般要对振捣密实程度进行严格地把控，如果不能将振捣的部位和密实程度进行严格地控制，就会导致混凝土构件的保护力降低。

2. 桩基技术建筑工艺存在的问题

我国建筑物通常采用混凝土预制桩技术和混凝土灌注桩技术，但是，混凝土预制桩技术有着明显的技术缺陷。比如，对土地容易产生扰动和噪音巨大。混凝土灌注桩技术则有可以调节桩长和桩径的优势，但是存在桩头颈缩等一系列问题。

（三）建筑施工人员的技术能力限制

要铸造出高质量的房屋，建筑施工技术的提高不可轻视。然而，建筑施工的建筑技术需要实践性和理论性并重，对于化学、工学、力学等相关知识有一个全方位的把握。然而有了上述的理论知识，实践经验的缺乏也难以做好所有的建筑施工工作。

目前的建筑施工队员多为文化水平较低的农民工，他们没有系统的理论知识，有些连实践经验也不具备。而建筑企业为了压缩成本，提高企业的利润率经常对农民工采取"拿来主义"的态度，没有详细而周密的培训机制；对于经验技能相对丰富的老建筑工人也没有给予物质上的支持；导致了建筑工人的经验无法传承给新建筑工人，而新建筑工人也没有能够通过企业系统的知识培训快速地成长起来，成长为一名技术合格的房屋建筑施工者。如此一来，人员技术水平的落后成了房屋建筑施工技术发展的又一大瓶颈。

二、房屋建筑施工技术未来的发展方向

上面的房屋建筑施工技术发展存在的问题，笔者将通过以下施工过程中严格把控原材料关，建筑施工工艺的提高方向，建筑施工人员的技术提高等方面来明晰房屋建筑施工技术未来的发展方向。

（一）施工过程中严格把控原材料关

在进行施工的时候，原材料可以说是影响房屋建筑质量的最为重要的一项工作。原材料的好与坏、优与良，直接影响着房屋的整体质量。很多企业为了实现成本的压缩，会压缩原材料的采购费用，这就使原材料的质量难以得到保障。因此，在施工过程中压缩成本的同时，更应注重对原材料质量的把控，任何原材料在选择和使用之前都需要进行明确的质量检查，确保其能够满足国家的相关质量标准。

（二）建筑施工工艺的提高方向

混凝土施工工艺的提高，也是提高混凝土施工质量的关键。

1.模块的组合和安装一定要严密把握其精密性

模板的组合和安装是混凝土在正式浇筑之前最重要的工作之一。精密的模板组合可以有效地防止混凝土的渗漏和变形，是混凝土施工质量的控制类技术。

2.混凝土的实际浇筑要因地制宜

遇到大型的浇筑物体，可以采取分层浇筑的策略，提高浇筑物体的质量

和牢度。对于小型的浇筑体，可以一次性浇筑到顶端，避免浇筑体内的裂缝出现。

3.混凝土的振捣，一定要把握好密实度

必须保持混凝土的强度在 2.5 mp 以上，才能保证建筑的混凝土质量。

（三）提高建筑施工工艺的具体技术

1.预拌混凝土和混凝土泵送技术

（1）预拌混凝土技术。

商品混凝土的应用数量和比例标志着一个国家的混凝土工业生产的水平。

（2）混凝土外加剂技术。

商品混凝土产量的增大，极大地推动了混凝土外加剂（特别是各种减水剂）的发展。如自流平混凝土、水下混凝土施工技术，喷射混凝土、商品混凝土和泵送混凝土。

（3）预防混凝土碱集料反应的措施。

要解决混凝土碱集料反应，重点在选用的低碱水泥、砂石料、外加剂和低碱活性集料等，选用高品质减水剂、膨胀剂，严格控制砂石料的含泥量及其级配；混凝土试配时首先考虑使用低碱活性集料以及优选低碱水泥（碱含当量在 0.6% 以下）、掺加矿粉掺和料及低碱、无碱外加剂。

2.高强高性能混凝土

目前我国已利用多种地方材料（磨细砂渣、无机超细粉、粉煤灰、硅粉等）和超塑化剂在工业化生产水平 C60 的高强混凝土，C80 高强混凝土在一些大城市也开始用于工程实践，同时基本掌握了配置 100 MPa 高强混凝土的技术，并在国家大剧院等工程中应用。

3.预应力混凝土技术

新Ⅲ级钢筋和低松弛高强度钢绞线的推广，以及开发研究的新型预应力锚夹具的应用，都为推广预应力混凝土创造了条件。目前大跨度预应力框架和高层建筑大开间的无黏结预应力楼板应用较为普遍，后者能减少板厚、减低高度、减轻建筑物自重等效果的优越性显著。

4.钢筋技术

在粗钢筋连接方面，除广泛应用的电渣压力焊外，机械连接（套筒挤压连接、锥螺纹连接、直螺纹连接）不受钢筋化学成分、可焊性及气候影响，质量稳定；无明火，操作简单，施工速度快。尤其是直螺纹连接，可确保接头强度不低于母材强度，连接套筒通用Ⅱ、Ⅲ级钢筋，该技术已在国内广泛推广。

5. 模板工程施工技术

（1）模板脚手架体系的发展。

竖向模板经历了小钢模，钢框竹胶合板，全钢组合大模板的发展，目前市场的主流体系除组合钢模板外，木胶合板模板使用量也比较大。

水平模板体系一直难以工具化，国内主要采用木胶合板模板和竹胶合板模板体系（欧美多采用铝木结合）。全钢大模板具有拼缝少，施工过程中混凝土不易漏浆；刚度大，能承受混凝土侧压力达 60 kN/m^2，构件不易变形、鼓肚；周转次数多；模板表面平整光洁，成型质量好，能很好保证清水混凝土质量的优点。

（2）模板脚手架技术。

在脚手架技术方面，扣件式钢管脚手架、碗扣式钢管脚手架、门式钢管脚手架以及爬、挑、挂脚手架得到广泛应用。此外，还有一些特殊脚手架，如吊脚手架（吊篮）、桥式脚手架塔式脚手架。

超高层建筑的发展，促进了高层建筑模板体系的系统研究，目前已有模板 CAD 辅助设计软件，高层建筑施工用附着升降式脚手架亦日益完善。

6. 建筑防水技术

我国建筑防水材料应用量近年稳步增长，特别是新型防水材料增长很快。高分子防水卷材重点发展 EPDM、PVC（P 型）两种产品，并积极开发 TPO 产品；刚性防水材料、渗透结晶型防水材料、金属屋面材料、沥青油毡瓦、水泥瓦、土工材料应有一定的发展。

7. 桩基技术未来的发展方向

桩基技术未来的发展方向主要分为以下五大类。

第一，桩的尺寸向长、大方向发展。

第二，桩的尺寸向短、小方向发展，发展为锚杆（锚固筋）静压桩或微型桩（迷你桩）。

第三，向攻克桩成孔难点方向发展。

第四，向低公害工法桩方向发展。

第五，向扩孔桩方向发展，包括钻孔扩底桩，桩端压力注浆桩，载体桩等。

（1）沉管灌注桩。

在振动、锤击沉管灌注桩基础上，研究了新的桩型，如新工艺的沉管桩、沉管扩底桩（静压沉管夯扩灌注桩和锤击振动沉管扩底灌注桩）、直径 500 mm 以上的大直径沉管桩等。先张法预应力混凝土管桩逐步扩大应用范围，在防止由于起吊不当、偏打、打桩应力过高、挤土、超静水压力等原因而产生的施工裂缝方面，研究出了有效地措施。

（2）挖孔桩。

已可开挖直径 3.4 m、扩大头直径达 6 m 的超大直径挖孔桩。在一些复杂地质条件下，亦可施工深 60 m 的超深人工挖孔桩。

（3）大直径钢管桩。

在建筑物密集地区高层建筑中应用较多，在防止挤土桩沉桩时对周围环境影响的技术方面达到了较高的水平。

（4）CFG 桩复合地基技术。

CFG 桩复合地基是一种采用长螺旋钻成孔管内泵压水泥粉煤灰碎石桩、桩间土和褥垫层组成的一种新型复合地基形式，适用于饱和及非饱和的粉土、黏性土、砂土、淤泥质土等地质条件。同等条件下，CFG 桩复合地基的综合造价仅为灌注桩的 50%~70%。

（5）桩检测技术。

桩的检测包括成孔后检测和成桩后检测。后者主要是动力检测，我国桩基动力检测的软硬件系统正在逐步达到国际水平。已编制的"桩基低应变动力检测规程"和"高应变动力试桩规程"等，对桩的检测和验收起了指导作用。

为适应不同坑深和环境保护要求，在支护墙方面发展了土钉墙、水泥土墙、排桩和地下连续墙等。

（6）土钉墙。

费用低、施工方便，适宜于深度不大于 15 m、周围环境保护要求不十分严格的工程。因此，土钉墙和复合土钉墙近年来发展十分迅速，在软土地区得到应用。

（7）地下连续墙。

宜用于基坑较深、环境保护要求严格的深基坑工程。在北京中银大厦施工中，基础外墙采用封闭式三合一型（防水、护坡、承重）800 mm 厚的地下连续墙，深度达 30 m，在施工中要采取实施可拆式锚杆等特殊措施，与锚杆，降水，土方同步进行，解决了地下连续墙的锚固问题。

（8）内支撑 H 型钢、钢管、混凝土支撑皆有应用。

布置方式根据基坑形状有对撑、角撑、桁（框）架式、圆环式等，还可多种布置方式混合使用。圆环式支撑受力合理、能为挖土提高较大的空间。

深、大基坑土方开挖目前多采用反铲挖土机下坑，以分层、分块、对称、限时的方式开挖土方，以减少时空效应的影响，限制支护墙的变形。

（四）建筑施工人员的技术提高

提高建筑施工技术人员的技术水平，对于推动建筑工程施工质量提升有着十分重要的意义。在对施工技术人员进行技术提升的时候，要先从思想认识提升开始，要让员工们认识到建筑施工技术提高对建筑工程良性发展的重要性。此外，还需要做好相应的人才管理机制建设，要确保员工们的工作习惯和工作态度能够满足施工要求，杜绝敷衍了事的施工人员扰乱施工人员队伍。企业还要注重人才的技术培训和技术指导，要通过积极开展相应的培训工作让施工人员的技术水平能够实现与时俱进，并且要建立起相应的激励机制，让员工们能够更好地实现自我发展。

房屋建筑施工技术的提高，主要从原材料、工艺和人员三个方面进行了探讨。然而，影响房屋建筑施工质量的因素还有很多，还需要同行的积极探究与分享。

城市现代化建设的飞速发展，离不开建筑施工技术。针对建筑技术的现状，如何使建筑施工技术在城市化建设中相应发展显得尤为重要，不仅要满足施工的多方面要求，更要与现代城市的结构和要求同步发展，努力开拓技术新领域，积极吸取国内外新的建筑技术和管理手段，为推动我国建筑技术做出新的贡献。

第三章 建筑施工技术质量探讨

在建筑行业尤其是房地产行业的大力发展过程中，建筑行业中的竞争逐渐加强，各种类型的建筑企业更是层出不穷，因此对建筑施工技术管理进行优化就会对提升企业竞争力产生重要的帮助作用。

第一节 建筑施工技术管理优化措施的探讨

在建筑行业的发展过程中，建筑施工技术管理作为基础的管理环节，在建筑施工中有着不可忽视的重要作用，相应地施工管理技术进行提升和优化，将在很大程度上对建筑施工效率进行提升，对于保证建筑质量起到了十分重要的作用和影响。基于此，本章将对建筑施工展开详细研究，全面分析施工管理技术中相关的优化措施。

一、建筑施工技术管理优化的重要性

经济社会的发展带动了社会各个领域的发展。我国各地区对建筑基础设施的应用建设也在不断加大投入，使得建筑业取得了突飞猛进的发展。

（一）仍存在着很多质量低下的建筑施工企业

虽然建筑行业有相关管理部门的监督和管理，但是对质量方面的要求还不是十分全面，再加上各个建筑企业的施工技术还有差别，建筑质量也会出现不合格的问题。各个建筑企业的市场竞争可以有效提高建筑质量，也只有不断完善建筑施工技术，才能提高建筑施工的整体效率。

因此，对建筑施工技术管理进行优化处理是当前我国建筑领域中非常重要的组成部分。

（二）建筑的质量会影响民众的生命财产安全

自从社会发展水平的全面提升，我国各个地区都逐渐加强了对基础设施建设的投入成本，特别是近年来房地产行业的大力兴起，在一定程度上推动

了建筑的发展。在这种大环境下，各种建筑企业涌现，由于其发展的速度相对较快，在很大程度上影响了细节上的完善，导致建筑企业在实际工作过程中经常会出现一些质量问题，在很大程度上影响了人们的生命财产安全。所以，在建筑行业竞争压力逐渐加大的前提下，需要对建筑施工技术的管理水平进行提升，通过建立相关的施工档案和开展有效地培训工作，将建筑施工的整体质量和效率进行全面提升，这对于进一步降低建筑施工成本会产生十分重要的作用。

我国各地加大了对基础设施建设的投入，尤其是近年来蓬勃发展的房地产业带动了建筑业的发展，不计其数的大中小建筑企业如雨后春笋般涌现，但是高速发展也带来了新的问题——一系列的建筑质量问题。在竞争日益加剧的市场面前，通过提高建筑施工技术的管理水平，建立完善的技术管理制度，建立缜密的工程施工档案以及有效地技术培训，提高建筑施工的效率，确保建筑质量，这对降低建筑施工成本具有重要的意义。

二、建筑施工技术管理内容

（一）建筑管理技术的内容

目前建筑施工技术管理主要涵盖了建筑技术培训和技术管理规定等相关内容，除此之外，还对新技术的开发、应用进行了详细的规划和规定。在实践运用中，将建筑管理技术分为两大部分。

1. 内涵管理技术部分

这一部分主要规定了建筑施工的相关基本内容，像书面形式的规范条例，这些条例的出现有利于对施工建设人员进行岗前培训，让施工人员注意在实际施工中应该注意的问题。

2. 表面技术管理

表面技术管理主要是对施工技术的再创新，对建筑施工的工序进行改造等措施。

（二）建筑工程技术管理

所谓建筑工程技术管理，不仅包括技术管理制度、档案管理、技术培训还包括图纸会审、编制施组、技术交底、安全技术、"四新"技术开发应用等。这些内容可以分为内业和外业两种。

1. 业内

内业主要包括一些建筑施工技术的一些基础的作业，例如，根据建筑施工的技术需要制订一系列的管理制度，根据建筑施工的技术标准制订的作业规范和作业指导书对从业人员进行培训，并将这些规范和作业指导书以及培训的记录一并建立技术档案，完成存档。

2. 外业

主要是围绕施工的技术准备，以及建筑工程过程中的技术实施方案，并对建筑施工技术进行适当的更新，以促进工程施工技术的不断发展。

三、建筑施工技术管理中存在的问题

（一）施工技术管理体系不完善

我国大部分的建筑都是由企业进行承建的，不同的建筑施工单位，其施工的质量也是不同的，想要整理出一套所有施工环节都适用的建筑施工设计原则，其实是非常困难的。但是，如果没有一套完整的施工技术管理体系对建筑工程进行管理，那么一旦出现了施工质量问题，基本上是无可遵循解决不了的。因此，一个完整的施工技术管理体系对于建筑施工的质量是有非常大的帮助的。

1. 施工质量难以保证

由于在建筑过程中采用总分包的制度比较多，而不同的企业或是单位之间的设备会存在一定差异，所以想要建立起一套能在建筑施工中通用的制度也是一项比较困难的工作。在大规模的建筑工程中，如果没有利用完善的规章制度对其进行管理，那么施工质量就将难以得到有效保证。

一般情况下，在施工中实行总分包的制度，施工技术管理工作指的就是对项目工作中承包单位的技术管理工作进行利用，将分包合同作为基本的技术纽带，从而将建筑单位和承包单位做到必要的工作连接。但是在实际工作过程中由于无法对工作进行紧密连接，导致施工要想对原有技术进行应用，就需要对原有的设计方式进行工作展开，这将在很大程度上提升建筑施工的成本投入，甚至还可能使得单位和单位在交接的过程中出现差错，从而影响整个建筑的质量。

2. 不同体制建筑施工的利弊

目前的总分包的体制下，所谓的施工技术管理就是工程的总包单位的技术管理，就是通过分包合同的纽带建立总包建筑单位与分包建筑单位的技术管理对接，这种对接的紧密度是较差的，受到分包单位的软硬件设施的制约，并且很难贯彻执行原定的施工技术。原材料的采购、存放、堆砌很难按照施工设计的要求来进行，从而拖延了工程的工期造成经济损失，管理成本将大

大提高，使工程在企业与企业的交接过程中出现纰漏。

分包模式下，对于施工队伍的管理是一个复杂的过程，现阶段还没有制定相对有效地公用建筑施工管理体制，因此，在实际管理上很难做到对各个施工队伍的约束，施工质量不合格的问题也难以从源头上进行解决。由于企业在制定相应的制度管理时主要以文档的方式呈现，施工项目总承建单位与分包企业又不能同时参与技术管理体制的建立中，导致总承包商与分包企业联系不紧密，具体的技术管理指标也不能有效落实，使得建筑质量问题频发。

另外，在材料的采购上，因为各个企业的施工技术不同，需要分包企业自行采购材料，这就会提高建筑施工的成本，并影响工程建筑的进度，最后的完工交接上也会出现较大的分歧。

3. 存在安全技术的隐患

在建筑行业快速发展的今天，各项工程项目正如火如荼地进行，但是在实际的工程施工中却能够发现各种管理上的问题，特别是安全技术问题，大多数施工企业在安全技术管理上不够重视，以致施工中经常发生各种安全问题。

例如，很多建筑单位在内部管理上比较松懈，没有建立完善的监督机制对施工过程进行监督，使得施工人员在施工中出现各种安全隐患，对建筑质量构成相当大的威胁。

（二）建筑施工制度体系问题

1. 施工企业管理机构责任不明确

建筑工程中，很多施工企业依旧存在无法落实行业标准的情形，而且在内部也没有建立严格的监督制度与管理规章制度，使得建筑质量问题一直存在于建筑行业中。施工企业在人员管理上存在较大的问题，技术部门与施工人员对接不紧密的情况时有发生，这使得许多设计不能具体实现。另外，施工现场经常会出现无人负责或者多人负责的情况，这些问题的存在归根结底还是制度体系本身不完善所导致的。

其实，大部分施工单位都没有按照国家建筑施工规定进行建筑工程施工，因此，出现了建筑工程施工技术标准不达标、质量不过关等问题。再加上监督管理部门责任划分不明确，出现问题时监督部门推给管理部门，管理部门推给监督部门，在这样的互相推诿下，建筑施工问题得不到解决成为常态。

建筑施工过程中会受到多方面因素的影响，一些比较急的建筑工程，其完工时间就会受到影响，而在施工建筑中，对于已经按照国家标准进行建筑施工的企业，在实际施工中出现问题也要及时予以解决，尽量避免建筑施工单位与建筑施工人员之间出现矛盾，一旦两者出现矛盾，不仅有可能造成人员伤害，而且还会拖延建筑工程工期，造成巨大的经济损失。

2.没有建立健全相关监管部门和制度

现阶段由于我国在施工的过程中还没有对相关的监督机制进行健全，在实际进行施工技术管理的监督过程中，难以充分遵照其操作方式和流程对工作人员的行为进行监督和完善。因此，必将在很大程度上影响操作人员的工作，使得最终施工人员难以对这项工作进行有针对性的管理和控制。

由于建筑企业参差不齐，一部分企业不能够落实并完善与工程施工相关的国家标准、地方标准以及行业的相关技术标准，操作规范以及相关文件的要求，不能建立健全建筑相关监管部门管理组织机构设立的要求以及相关的责任制度，在人员配备上，没有很好地将技术岗位和专业技术人员对接，或者是在企业内部没能够按照岗位进行施工技术的责任划分，出现一个流程多人负责或者是一个环节无人负责的现象。甚至有一些单位无视我国《建筑工程施工规范》的要求，没有建立任何的施工制度体系，或者是在制度建立本身就存在巨大缺陷。

即便按照制度的要求来执行也不能够满足工程建设的需要。部分单位不能够按照建筑施工技术管理的要求对一线员工进行技术的培训，缺少操作规程以及安全教育；或者肆意违规操作，无视安全，安全技术交底不彻底；没有对防护设施如脚手架等，按时定期进行有组织的验收检查、施工现场消防设施虚设等。再加上施工项目本身存在的弊端，管理人员水平的限制，周围环境的影响等缺陷都迫切需要在制度上给予弥补完善。

（三）建筑施工技术管理监督不合格

建筑行业近几年呈现飞速发展的趋势，为了防止房地产泡沫，国家也出台了一系列的政策来解决房地产发展问题，对建筑行业的发展也提出了一些限制要求。在实际的建筑工程施工中，还没有一套相对完整的技术管理系统作为支持，建筑施工单位的内部管理也没有得到全程的监督。

1.对施工人员的技术水平没有进行评估测试

如果施工技术人员的技术水平低，那么建筑施工的整体质量就会受到影响。为了进一步保障工程技术的质量及建筑安全，提高建筑的整体水平，监督管理部门一定要在实际的施工建设中，加强其内部的施工监管，只有这样才能够从根本上规范施工技术管理。

在企业内部缺少针对建筑施工技术的运行监管，没有严格按照操作规程以及作业指导书的标准严格约束从业人员的行为规范，没有针对从业人员不同文化程度进行有针对性的管理。

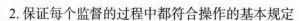

2.保证每个监督的过程中都符合操作的基本规定

要想将整个建筑施工技术的环节进行有效落实，就要在实际中做到将责任落实在每个人的身上，以此来进一步加强在施工环节中的监督和管理工作。因此，在这种前提下，更应该对工程进度和施工的客观条件进行关注，从而保证在技术或是资金上为施工提供更有效地帮助。

（四）对建筑施工技术管理组织体系的优化

在对这项工作的开展过程中，首先需要对不同层次和水平的总包商和分包商的工作水平进行准确掌握，在这个基础上更好的建立起相应的建筑施工技术管理组织体系，并且保证在实际施工的过程中，将这项组织体系全面落实到每一个分包商，而不再是依靠简单的分包合同对工作方式进行约束，要经过专门的工作人员对整个建筑施工技术进行管理，通过每一项工作的研究和落实，保证每一项施工环节都处于有人管的状态。

在我国近年来的经济发展过程中，建筑行业尤其是房地产行业的大力发展，使建筑行业中的竞争逐渐加剧，各种类型的建筑企业更是层出不穷。在这种前提下，对建筑施工技术管理进行优化就将对提升企业竞争力产生重要帮助作用。通过研究，对建筑施工有了全新的认识，清楚地了解这项工作的重要性和必要性。那么，在建筑施工的过程中，技术管理作为建筑环节中重要的管理工作，对其管理方式进行必要改进，并相应的提出优化措施就显得十分必要。

四、建筑施工技术管理的相关优化措施

（一）优化建筑施工管理系统

在当前的建筑施工中，相关技术质量标准还没有真正落到实处，我们可以在建筑施工管理中运用建筑施工管理信息系统提高建筑施工管理的整体效率，这样不仅可以有效避免建筑施工技术在实际操作中出现盲区，对于那些混合型的建筑设施也能够起到很好的管理作用。在建筑施工中，施工图纸对于施工工程来说是非常重要的，因为所有的建设都是以施工图纸为基础进行的，利用建筑施工管理系统还可以有效避免建筑施工在技术上的失误，对于一些重点的项目，建筑管理部门还要做好详细的施工文件，因此，文档管理也是非常有意义的。

在充分考虑不同层次的总包商以及分包商的实际水平的基础之上，建立一套通行的、行之有效地建筑施工技术管理组织体系，将体系贯彻到每一级

分包商，不再简单地依靠分包合同来约束技术管理的组织体系，要通过专人负责建筑施工技术管理，在进行工程分包时要将工程技术管理责任进行相应的转换，责任落实到人。各级企业在工程前、工程进行过程中以及工程后期，都要注重人员的调度以及各部门间的配合，重视人员管理以及人员储备，重视对人员的培训，提高各岗位人员的职业素养以及安全意识。

针对当前施工管理体系不完善的现状，施工企业要做好施工管理体系优化工作，在充分考虑建筑项目总包商与分包商的建筑实力上，进行管理体系的建立，按照科学、可行、高效的目标设计具体管理内容；邀请各分包商的主要组织人参与管理体系的建立中，将体系真正贯彻到具体的每一级分包商中，而不是依靠制定的施工合同来约束分包商的行为。在具体进行管理时，可以安排专人负责相应的建筑施工技术管理，进行工程分包后对技术管理职责进行转换，确保管理责任到位，具体落实到人。各级施工企业在进行工程的施工前、施工中以及施工后期，都要注重人员的分配管理与各部门的协调统一工作，重视管理人员储备，重视人员的培训，提高各施工岗位人员的职业素质与安全意识。

（二）建筑施工阶段技术优化管理措施

经过多年对施工管理的优化分析，不管是从建筑管理工程的成本入手，还是人员的配置上，都采取了重要的管理措施。对建筑施工项目也实施了明确的计划规定，制定了完整的建筑设计方案，不仅可以有效提高建筑的整体质量，还能够进一步降低建筑成本。

建筑企业要从本企业实际入手，在执行国家法律法规的前提下，制订一套符合本企业实际的施工技术管理制度，以及确立关键环节的限值和具体的作业指导书，让一线操作工人的行为都有相应的准则作为约束。

主要是在施工准备阶段与具体施工过程中进行管理优化，在建筑项目施工准备阶段，管理部门要对实际工程项目进行实地考察评估，研究建筑方案的可行性以及资源的最佳配比，对材料的采购也要按照实际设计的标准规范材料的型号、数量，对于新材料的选用，要利用专业的检查技术判断材料的质量，提高整体施工质量，对于人员配比的管理，在施工准备前期，要明确施工操作人员、技术人员、质量检测人员、管理人员等的具体职责与人员配备，加强各部门的联系与配合，防止施工中出现矛盾或者施工职责不明的现象。

在具体施工过程，施工技术人员要根据具体的施工项目为施工人员构建施工必要的条件，比如水电的供应、施工进度的安排、施工区域的分配等，并且施工中，技术管理人员必须坚守在施工一线，对具体施工情况进行实时监控，以便出现问题时管理人员能够在第一时间做到问题的有效处理。

此外，为了保证管理人员的工作效率。还要制定相应的管理人员岗位考核制度，防止串岗、离岗等消极工作的情况出现，确保技术管理人员坚守岗位，认真负责，保证施工质量与进度。

（三）建筑技术文件管理

建筑技术文件管理措施主要分为两大部分。

1. 建筑领域的建筑工程计划要进行变更处理

一般变更的手段也会直接影响建筑行业的整体水平。建筑成本与建筑工程的整体进展也有联系，因此，在对建筑文件进行变更的时候，一定要对与建筑工程相关的各个环节进行详细的分析。

2. 要完成文档管理系统的构建工作

建筑文档的存放内容主要包括使用的建筑材料、建筑图纸的大小等文件记录。应做好相应的文件管理，准确填写信息文档。档案管理可以对建筑施工中的施工计划及施工工序进行详细的记录，这样也方便后续工作的参考。

最重要的是建筑文档管理系统有效解决了建筑行业中项目建设点的记录问题，对建筑行业内部的工作人员起到了非常好的监督管理作用。

（四）加强对建筑施工技术执行的监督

落实建筑施工技术的各个环节的责任，责任到人，加强在施工环节进行监管，监督施工过程的安全操作是否符合操作规程的要求，随时纠正那些没有按照操作规程要求而影响施工质量或者施工安全的违规操作，重点关注工程进度、施工的客观条件，技术、物资、人力和组织等方面为工程创造一切必要的条件，使施工过程连续、均衡地进行，保证工程在规定的工期内交付使用，使工程施工在保证质量的前提下，提高劳动生产率和降低工程成本。

建筑施工技术的优化管理为我国未来建筑行业的发展奠定了坚实的基础，只有严格按照国家的规定，才能真正建造出适合人们居住、适合人们工作的优秀建筑。相信通过对建筑技术管理的分析，我国的建筑施工技术也会越来越完善。

为了施工单位更好地贯彻相应的管理规章与制度，在施工技术管理上必须加强监督与技术管理，确保技术管理工作发挥其应有的作用，具体做法包括以下两点。

1. 对施工单位而言

无论是哪个部门、哪个岗位，都要制定相应的奖惩制度，明确各部门、人员的具体工作职责，对表现优秀的员工进行奖励，对违反操作规定的施工人员应给予相应的惩罚，从而避免分工不明确与责任缺失情况的发生，保证施工进度与施工人员的安全。

2. 施工单位要设立专门的监管部门

工程项目总承包商成立技术监管部门，及时跟进项目的进度，如果在中途发现施工问题，要及时向上汇报，并在第一时间解决问题，协调并判断各承包商的责任，确保工程如期完成。

五、建筑施工技术管理优化时应注意的事项

在确定建筑施工技术管理的实施步骤时，要充分考虑企业的实际情况，综合考虑企业的人员配置，设备等硬件的准备，同时要考虑项目业主的具体要求，在贯彻国家相关标准以及地方行业规范的前提下尊重科学规律。

（一）施工技术管理工作的重点是做好基础工作

对"四新"技术的应用推广要坚持经过试验鉴定的原则；所有施工技术工作都要全面考虑其经济效益状况，择优选取；日常技术管理工作和生产实践过程紧密结合，既要全面又要重点控制。

根据不同项目的具体情况具体分析落实、分工协作，力求最大限度地为工程施工提供服务。

（二）优化建筑施工技术管理是提高企业市场竞争力的最为直接最为有效途径

当前施工竞争日益激烈，技术管理水平所反映出的竞争实力也较为突出。不少企业，尽管拥有雄厚的物质技术力量，但由于管理技术的薄弱，管理制度的不健全，而在竞争中却处于被动的境地。

建筑企业通过对施工技术管理的优化，可以提高建筑施工的效率，确保建筑质量，降低建筑施工成本。在建筑业尤其是房地产业蓬勃发展的今天，建筑行业竞争日益加剧，大中小建筑企业如雨后春笋般的出现。在进行建筑施工技术管理的优化过程中要重点关注建筑施工技术管理组织体系的优化，健全建筑施工技术的管理制度，优化操作各项规范，加强对建筑施工技术执行的各个环节的监督。

第二节 建筑施工技术管理及施工质量问题处理

我国的建筑行业已经取得了前所未有的发展，但是项目施工技术管理过程中也出现了很多的问题。为了保证工程的建设质量，塑造企业的良好形象，需要有针对性地采用合理的管理措施，使企业可以健康、快速的发展。建筑工程质量及服务质量总体水平在不断提高，建筑队施工既要满足建设项目的使用功能，加快施工速度，又要保证工程质量。

因此在建筑施工中，实施科学而有效地技术管理，不仅是设计部门和施工单位的共同要求，也是为达到建设设计指标，满足建设单位的需要。为此，结合对施工技术管理工作及施工质量问题案例做一探讨。

一、案例介绍

某建筑工程的总施工面积为 19 070 m²，建设总高度为 81.42 m，设计的抗震烈度为六级，剪力墙的抗震等级为三级，建筑安全等级为二级，设计使用时间为 50 年。工程的施工楼层高、基础施工面积大，对施工要求高，为了保证工程的质量，需要做好建筑的施工技术管理，处理好质量问题。

二、建筑的施工特点

（一）地下室连续混凝土挡土墙长度比较大

留设了比较多的后浇带，在施工过程中需要积极地采取应对措施，保证此节点施工质量可以达到规定要求。

（二）建筑单层建筑面积比较小，建筑标准层多

可以采用定型模板来进行施工，保证工程的施工进度。

（三）建筑楼层高度比较大，对安全防护的要求也比较高

此工程住宅楼的高度达到了 81.42 m，在施工过程中，除了进口进行防护工作以外，还要做好高空坠物的防护工作。使用整体提升架来对建筑外立面主体进行封闭施工，并定期进行检查，不允许非施工人员进入施工场地。

（四）防止出现质量通病，将空鼓、渗漏的情况解决掉

在施工过程中，需要针对添加外加剂的掺入量、施工缝的处理措施、止水片的设计、混凝土的振捣等制定具体的处理措施，并将柔性防水工作做好。处理好泛水、搭接、管口等位置的节点，避免出现质量隐患。

三、施工技术的管理工作

施工技术管理贯穿于建筑施工的整个过程，在施工过程中发挥着重要的指导与规范作用。施工技术管理工作主要包括以下几个部分。

（一）严把设计图纸的审核关

在整个建筑工程项目建设中，图纸是施工依据也是重要的技术资料，是工程技术的共同语言，图纸会审尤为重要。由建设单位组织设计单位工程项目设计意图，设计特点及对施工要求。制定出有效地设计图纸是提高工程成效性的关键所在。施工单位把图纸中存在的问题提出来，把施工中可能出现难点提出来，在施工中使用某些材料采购及使用困难提出来。

施工单位必须从实际出发，审查图纸，经设计、施工、建设三方协商，达成共识，即对施工过程有利，达到设计及质量要求，还不能出现浪费，节约资金，降低成本，形成会审记录，纳入工程技术档案，并作为施工中的重要技术资料及依据。因此，作为施工管理人员在工程实施初期应严把设计图纸的审核关，保证图纸的设计与实际要求相吻合，可从以下几个层面加以重视。

1. 在审查中要做到细致、全面

尤其是一些细节问题更应格外注意，将误差降低到最小范围内。施工图纸是指导建筑施工的基础依据，也是整个施工过程中至关重要的技术资料，对于工程施工意义重大。

施工图纸的质量优劣，直接决定着施工的整体质量，因此，在施工技术管理工作中，首先要加强对施工图纸的会审工作，建设单位通过会审明确设计单位的设计意图、设计特点与对施工的要求，施工单位将设计图纸中存在的问题、施工中可能存在的难点等提出，并由设计单位、建设单位、施工单位三方共同商讨，对施工图纸进行完善，并提出解决施工难点及问题的有效措施，使施工图纸在满足工程要求的同时，能够实现成本的有效控制，以此来保障以施工图纸为依据的工程施工能够有效进行。

此外，还要做好图纸会审的记录工作，并将会审记录纳入工程技术档案中，作为建筑工程施工中的重要技术资料及依据。

2. 进行施工的技术人员

应在施工开始阶段对所设计的图纸内容进行全面的了解与掌握，最好熟记于心，从而提高施工的成效性。

组织设计是贯穿于工程施工整个过程的重要指导文件，也是工程技术管理工作的一项重要内容，在工程施工中发挥着极为重要的作用。施工组织设计的内容主要包括以下几个方面。

（1）合理安排施工顺序，以确保工程能够在合同规定的期限内竣工并按期交付使用，协调好人工、材料、设备之间的平衡关系，制定规范的操作规程，制定明确的工程技术、质量及安全标准与要求，以此来保障工程施工的整体质量。

（2）合理安排施工进度，按照先地下后地上，先主体后围护，先结构后装修的原则，对施工程序及施工进度进行有效地控制。同时，为充分保证施工进度，还要对施工过程中不同项目衔接做好有效地协调，并且要对施工过程中的原材料供应、劳动力使用、施工机械使用计划等进行合理的安排与规划，从而保障工程施工的进度。

（3）合理选用施工机械，对施工机械的性能进行充分考察，并对施工机械购置与使用成本进行分析，使施工中所选用的机械设备，性能满足建设施工的要求，又能够降低其成本耗用，确保施工机械选用的合理性。

（4）合理选择技术措施，施工中技术措施的选用要对多方面的因素进行综合考虑，如施工质量标准对技术措施的要求、施工安全对技术措施的要求、施工成本控制对技术措施的要求以及区域性气候差异与季节性因素对技术措施的要求，从而确定科学的质量保障措施、安全保障措施、成本控制措施以及季节性措施。

（5）合理应用新技术、新工艺及新材料，并结合新技术、新工艺、新材料应用的特点，对施工方案及以及质量、安全保证措施进行与之相适应的调整。

3. 要确保建筑图纸上的设计要求与工程合同相关规定保持一致

技术交底的目的是确保施工管理及操作人员明确施工中的各项技术要求，并严格按照技术要求进行施工的管理与施工具体操作，从而确保施工过程的规范性，保障施工质量。

技术交底也是施工技术管理中的一项重要工作，技术交底工作如得不到有效地重视，就可能会导致施工过程中产生一系列不必要的问题，影响施工的进度与施工质量。目前大多数施工企业都已加强了对技术交底的重视，并已形成了相应的制度，这也有效地促进了我国建筑施工整体质量的提升，对建筑工程经济效益以及社会效益的良好实现有着积极的意义。

4. 防止出现不必要的损失

相关人员在审查图纸时要对施工中可能出现的一些技术难题做好应急策略，建筑工程施工是一个长期的过程，施工过程中的各个环节、各道工序出现问题都有可能会对施工质量造成影响。因此，建筑工程的施工技术管理工作也要求对施工过程中的每一道工序进行跟踪检查，并对施工过程中各环节操作的技术规范性以及施工质量进行有效监管，从而保障工程的整体质量。

（1）施工企业领导应加强对工程质量安全工作的重视，严禁施工过程中因抢进度、省成本等目的，出现偷工减料的现象。

（2）在工程施工的整个过程中要设置专职人员，负责施工质量的监管工作，确保对施工全程的有效掌控。最后，要明确质量检查与监管的目的，通过制定具体的可行措施，实现保障工程质量进度与安全的最终目标。

（二）施工组织设计管理工作的有效实施

在建筑施工的各个阶段中，工程施工组织设计是其中最为关键的一项内容。

1. 在施工方案的选择上要科学有效

在施工开始初期，设计人员应根据施工现场的地质情况，制定出行之有效地施工方案，并做好工期的初步预估工作，严格按照工程实际进度进行工作。此外，在施工人员的选择上要重视，对于缺少相关证件的人员严禁进入施工现场，最大限度地确保工程施工整个阶段的安全性。

施工组织设计在施工过程中起核心作用，指导施工全过程，是施工过程中的指导文件。

（1）合理安排施工顺序，按合同要求严格遵守工程竣工及交付使用期限。做好人工、材料、设备综合平衡，严格施工、技术、质量、安全。招待规范操作规程。确保工程质量。

（2）施工程序采用流水作业，科学安排施工进度，先地下后地上，先主体后围护，先结构后装修。

（3）施工机械选择技术性能好和经济适用型，即能满足现场施工，又经济合理，做到物尽其用。

（4）技术措施。为了保证工程施工的质量和安全必须确定科学的技术保障措施，即质量、安全、降低成本和季节性措施。

（5）新技术、新工艺、新材料应用是施工项目中的主要内容，特别是对于采用新技术、新工艺、新材料的主要工程应相应提出具体的施工方案及质量、安全保证措施。

（6）施工进度安排直接影响整个施工项目的音乐会期限和经济效果，特别是对于各项目之间的衔接具有重要的意义，同时还就材料供应劳动力使用、机械使用安排具体计划，以达到经济有效。

2. 在施工设备的选择上

要按照相关要求标准进行有效选取，综合权衡设备的使用效率，在保证施工环节顺利实施的基础上尽可能地节省成本。

3. 工程的质量是第一位的

在保证建筑工程整体质量的前提下，用最小的投入获取更大的收益。

4. 首先要有施工方案

在施工过程中对于所使用的一些新技术或者新设备，要注意事先制定出行之有效地施工方案，在施工中严格按照相关流程实施。

5. 科学有效地安排施工进度

待上一阶段工程竣工后应做好后续施工的对接工作，以确保工程能按时、高质量完工。

（三）技术交底层面的管理工作

在进行技术交底工作时应指定专业的技术人员进行全权负责，给技术人员提出指导性的意见与建议。为了使技术交底工作顺利实施，可从以下几方面加以重视。

1. 进行技术交底

施工人员应对施工的整个流程有全面的了解，做好一切准备工作。

2. 熟悉施工情况

施工技术人员应对施工场地的实际情况熟知，并对施工中的具体内容以及施工实施范围都应熟记于心。

3. 掌握新技术

倘若在施工中使用到新技术或是一些先进设备时，相关负责人员必须对施工人员讲清楚使用过程以及相关注意事项。

4. 工程设计若有变动时

技术人员一方面需向施工人员讲清楚，另一方面还需向工程设计单位进行技术交底。

5. 技术交底安全施工杜绝事故

在进行技术交底工作中，如有突发事件出现时应立即采取行之有效地措施加以应对，将事故发生率降至最低。

技术交底是根据工程特点及所采用的技术措施、施工方法、质量标准、工序搭接、安全措施等，分门别类地向有关人员交代清楚，使他们在施工中能够掌握和执行，如被忽略会在施工中出现许多问题。

现在，技术交底在施工企业已形成制度，它对企业管理，提高经济和社会效益发挥了很大作用。

（四）做好技术复核以及质量控制管理工作

在进行技术复核时要全面，应从以下几个层面进行复核。

一是对基槽上口的开挖线进行检查，确保符合相关标准；

二是对建筑物龙门板的标高以及轴线进行复核；

三是将建筑物的控制网进行准确定位；

四是对建筑物的楼梯以及钢架部位进行全面复核，不能疏漏任何一个细节，确保整个施工流程在安全的环境中实施。

（五）工程质量

施工从设计到施工、竣工，周期较长，为了工程工序顺利进行，达到预期效果，必须对每一道工序实施跟踪检查，落实具体技术措施，从而保证工程质量。

1. 加强领导

必须把工程质量安全工作纳入议事日程，坚决不允许抢进度或为了降低成本，偷工减料，领导必须抓发这项工作。

2. 要有专职人员负责

从工程开始到竣工，有始有终。

3. 要有具体可行措施

检查不是目的，目的是保证工程质量进度及安全，只有具体措施才能达到最终目的。

四、进行建筑重点区域施工中的管理措施

（一）做好板面标高部位的控制管理措施

在该项工程中，由于单层面积的形状不容易控制，混凝土板面

标高变化幅度大，对施工质量造成一定的影响，为了有效解决上述问题，可进行以下举措。

（1）对于浇注区段的楼层标高部位，引测点的数量应控制在楼面水平以下。

（2）混凝土浇筑完成后，要使用钢筋进行加固处理。

（3）使用强度较高的混凝土对板面水平部位进行有效控制。

（4）在进行混凝土浇筑前可使用水准仪进行处理。

（5）在进行板面抹光工作时，可借助靠尺等保持板面的平整性，若有不平整部位可使用混凝土将其填实。

（6）待混凝土工作浇筑完成后，要进行复查，重视板面的平整度。

（二）梁柱节点细微处的控制管理工作

在框架的整个结构中梁柱节点部位是其中最为关键的一个区域。该部位施工质量的高低对结构的安全性有直接的影响，所以在实际施工中应进行一定的预防处理。施工人员应高度重视，在进行节点部位施工时一定要细致、全面，施工的主要流程是采取在梁绑扎的方法，再穿入两个开口箍对拼搭焊成堵塞箍，从而有效解决上述问题。

在进行梁柱节点的模板部位施工时若采取传统的方法则很容易出现节点爆模等现象的发生，所以，在实际施工中应根据节点的实际尺寸进行下料。首先将节点部位清洗干净，其次用清水将其湿润；节点部位应做好保养工作，以避免出现混凝土裂缝等现象的发生。

（三）阳台现浇弧形结构质量控制措施

由于在该工程中综合权衡了立面效果的需求，在门面部位设置了一个现浇弧形阳台。为了确保其高质、高量的完成，提高立面装饰的整体效果，主要采取以下方式加以实施：在选择模板时要使用定型木模板，制作时严格按照实际尺寸大小进行设计，而且在混凝土浇筑时下料要适度，确保混凝土的紧密性，提高设计的成效性。

（四）做好屋面渗漏工作的有效举措

屋面渗漏区域有多处，像屋面出入口、女儿墙等处，在施工中施工人员应做好相应的预防措施，在进行防水层施工时要将女儿墙浇水浸润，确保此处混凝土的浇筑工作顺利实施。此外，还应注意泛水和板面的防水层应该一次浇筑成功，不能留有一定的缝隙。严把材料关。对于一些检验不合格的材料应禁止入场，施工人员还应对所有的材料进行分类处理，在使用时可以节省一定的时间。

五、施工质量问题的处理

施工质量出现问题是难以避免的，工程施工过程中的设计不合理、施工技术选用不当、施工操作不规范等因素都会导致施工质量问题的出现。本案例虽然在施工过程中通过施工技术的改良与施工方案的优化，能够一定程度上减少质量问题发生的概率，但随着时间的推移，以及受到一系列外部环境因素的影响，也会使原本建筑结构中的微小问题发展扩大，对建筑质量造成影响。如建筑结构中的微小裂缝，在经过长期的发展后可能造成相关结构部分的断裂；而地基的沉降与变形等问题也会导致建筑出现大面积裂缝甚至发生倒塌。因此，对建筑施工质量问题的处理就成了一项十分重要的工作内容。

在对施工质量问题进行正式处理之前，先要将参与建筑工程的各方相关人员汇集在一起，对质量问题从进行全面分析论证，确定造成质量问题的原因，并分析质量问题出现及发展的规律，对其危害性进行准确判断，并针对性的制定出合理的处理方案，对于发展较快并且危害性严重的质量问题，应及时采取应急补救措施进行有效处理，避免重大安全事故的发生。

（一）工程质量

往往随时间、环境、施工情况发展变化，有的细微裂缝，也可能发展为构件断裂，有的局部沉降，变形，可能致使房屋大面积裂缝或倒塌，为此在处理质量问题前，应及时会集有关人员：设计、建设、施工单位对质量问题进行分析，论证做出判断，找出原因，对那些随着时间温度、湿度、荷载条件变化的变形，裂缝认真观测记录，寻找变化规律及可能产生的恶果。对那些表面的质量问题，要查明问题的性质是否会转化，对那些可能发展成为构件怕裂或房屋倒塌的恶性事故，要及时采取应急补救措施。

（1）对较大的质量事故，应设警戒或封闭现场，在认定不可倒塌或进行保护后，方可进入现场。

（2）对要求拆除的质量事故应考虑相邻区域结构的影响，以免进一步扩大，应制定可靠的安全措施和拆除方案。

（3）凡是影响结构安全的，应对处理阶段结构强度，刚性和稳定性进行验算，提出可靠防护措施，在得理中严密监视结构的稳定性。

（4）在不卸荷条件下进行结构加固时，注意加固方法和施工荷载对结构承载力的影响。

（二）质量问题处理事项

（1）处理应达到不留隐患，安全可靠，满足使用要求。

（2）正确制定处理范围，除了直接处理事故发生的部位外，还应检查相邻区对整个结构的影响，正确确定处理范围。

（3）选择处理时间及施工方法制定措施及方案，发生问题后应及时分析原因，但并非所有质量问题处理的越早越好，如裂缝、沉降、变形出现时，就应对地基及基础进行充分了解，若未稳定就匆忙处理，往往不能达到预期效果，而且会发生重复处理，处理方法是技术可靠，经济合理，施工方便等因素，经比较分析择优选定。

（4）加强事故处理检查验收工作，从准备到竣工，均应根据有关规定和设计要求的质量标准进行检查验收。

（三）处理时质量问题所需要资料

（1）与质量事故有关的施工图。

（2）与施工有关的资料，如材料试化验报告，施工记录，试块强度试验报告。

（3）质量问题分析报告。包括事故情况，出现事故的时间、地点，事故的描述、事故观测记录、事故发展变化规律、事故性质，区分属于结构问题，还是一般性缺陷；是表面性，还是实质性的；是否需及时处理，还是采取防护性措施。

（4）事故原因。如地基基础不均匀沉降，温度变形、结构裂缝是施工振动，还是随载力不足。

（四）质量问题处理

根据质量问题的性质，本案常用的处理方法有封闭保护、防渗透堵漏，复位纠偏，结构卸荷，加固补强，限制使用，拆除重建等。

在确定处理方案时，必须掌握事故的情况和变化规律，如有的裂缝事故，只有待裂缝不再继续发展时，进行处理才最有效，同时方案还应征得有关单位对事故调查分析的意见一致，避免事故处理后，无法做出一致的结论。

施工质量问题处理方案要充分结合施工质量的性质与特征进行制定，方案制定的过程中还要充分考虑到质量问题可能的发展趋势以及变化规律，对质量问题及其导致的相关事故的情况进行全面的调查与掌握，以确保质量问题处理方案的合理性。同时，对于处理方案的制定还要对各相关单位的问题分析意见进行充分的考虑，通过协商方式使各方意见达成一致，确保事故处理结论的统一性。

此外，对于质量问题处理方案的设计要对施工要求与施工工艺进行明确，制定具体的实施办法，以确保处理方案的可操作性，能够有效指导质量问题处理工作的顺利完成。常用的处理方案包括：封闭保护、防渗透堵漏、复位纠偏、结构卸荷、加固补强、限制使用、拆除重建等。

建筑施工技术管理与施工质量问题处理对于建筑工程而言意义重大，因此建筑施工企业应抓好施工技术管理与施工质量问题处理这两项工作，保障建筑施工质量，保证工程施工整体进度，从而保障建筑物功能性的良好发挥，提升建筑使用过程中的安全性，进而提升建筑行业的整体水平，推动我国建筑业长期稳定发展。

处理质量问题方案确定后，还要对方案进行设计，提出施工要求，特别要提出有效地施工工艺，以便付诸实施，完成事故处理工作。

综合本案例所述，在建筑工程施工中，建筑单位要全面提升工程的施工水平，对工程的施工工艺和施工流程进行合理的规划，保证工程整体的服务水平和施工质量。严格按照工程的施工方案进行施工，并制定合理的施工步骤，对工程施工技术管理工作进行强化，将施工进度控制在合理范围内。

第三节 建筑施工技术管理及质量控制

自改革开放以来，我国的城市化发展水平呈现爆发式增长，为响应快速发展的城市化水平，城市的建设速度也在逐渐提高。房屋建筑市场的迅速扩展虽然成了房屋建筑行业发展的主要推动力，房屋建筑市场的公开化与透明化也使得市场的筛选与鉴别能力较以往具有了更大程度的提升，如何在众多的房屋建筑企业中脱颖而出，借助自身的优质服务与高效性能满足房屋建筑市场拓展的迫切需求，是当前房屋建筑企业在施工过程中需要面临的重要问题。与此同时，城市化的快速发展对城市的土地利用带来了巨大的压力，为缓解城市用地紧张，保留城市应有的绿化与自然环境，一大批复杂度较高、结构精巧的房屋建筑，如立体建筑、超高层建筑等如雨后春笋般涌现，给房屋建筑工程的施工与质量控制带来了极大的挑战。

一、房屋建筑工程施工现状与存在问题分析

房屋建筑工程与市政道路、公共基础设施等工程一样，均是关系到国计民生的重要工程项目，房屋建筑工程的施工质量直接关系到房屋建筑的安全性、稳固性以及使用寿命，更关系到房屋建筑使用者的生命财产安全。现代化房屋建筑对施工技术提出了更高的要求，新施工工艺、新材料、新设备器具的出现使得现阶段施工单位的施工人员在技术上出现了力所不及的现象，技能与专业素养的缺失使得施工技术无法得到有效落实。

在房屋建筑工程质量方面，房屋建筑工程施工质量的影响因素众多，包括对材料、人员、技术、机械等施工基础要素的监督与控制。现阶段的房屋建筑工程由于工程复杂度较高、体系相对庞大，通常会由业主将整个工程承包给甲方单位，甲方单位再经由招投标将工程细分并分包给各个分包单位，由多家单位协同完成房屋建筑工程的全部施工内容，并聘用相关监理单位对工程的整个施工流程与施工质量进行把控。

监理是工程施工的重要管理组织，是连接工程建设单位与施工单位的重要沟通桥梁，主要工作为巡查监督施工现场、规范约束施工方行为等，而实际的施工单位在施工质量控制环节所付出的劳动则相对薄弱，未能从源头上有效监督与控制房屋建筑工程的施工质量。

（一）人员因素

人作为房屋建筑工程生产、经营活动核心实施者，在房屋建筑工程质量控制的任何环节都离不开人。所以说，人是影响工程质量的关键因素，因此对于施工人员的知识技能、专业素质以及责任感等都必须要进行严格考核，这对房屋建筑工程施工的质量控制和管理都有着非常积极的促进作用。

（二）材料因素

合理选用施工材料、保证产品质量是保障房屋建筑施工工程质量的关键手段。因此，在建筑材料的选择以及使用方面都应该进行严格筛选，对于不合理、不合格的建筑材料坚决不使用。

在实施项目的时候，工程监督管理人员首先需要制定一套科学完善的管理制度，通过该套制度实现对建筑施工所有环节的严格控制，严格检查建筑施工使用的原材料、构件成品或者半成品，确保所有材料均能够满足建筑工程施工设计要求以及国家、地区的相关标准与要求，从根本上消除工程质量问题隐患。

（三）机械及测量仪器因素

房屋建筑测量仪器设备的精确性以及施工机械性能好坏都会影响到房屋建筑最终的建设质量。施工现场需要用到的器械设备主要有吊车、脚手架以及搅拌机等，应该针对这些器械设备进行有计划、有安排的检修与维护保养，这样就可以及时发现器械设备中存在的问题并妥善处理，进而保证相关器械设备的安全使用。

另一方面，尺子、经纬仪、水平仪、传站仪等测量设备的精确程度，对于确保房屋建筑工程的顺利施工同样意义重大。即便是测量仪器存在很小的偏差，最终也会导致建筑施工出现重大问题，因此施工人员应该严格根据国家法规来鉴定相关测量仪器设备，保证测量精度。

（四）施工技术因素

在进行房屋建筑工程施工过程中，施工设计方案的合理性、施工流程的正确性、施工技术的先进性等多方面的因素，都会直接影响到房屋建筑工程的施工质量。其中，施工技术是最为关键的因素，在运用施工技术过程中，建筑施工企业有必要将其细化至每一个工序，做好作业交接工作、认真落实所有施工人员的责任，以保证施工工程能够按照计划实现工程质量目标。

二、房屋建筑工程施工技术管理

（一）混凝土浇筑技术管理

混凝土是当今房屋建筑工程中常用且异常重要的基础性材料，施工单位通常会对混凝土进行浇筑并待其固化，使得其固化呈一定规模与尺寸的模型后，形成构件的设计形体。混凝土浇筑的施工技术相对繁杂，主要包括以下流程：施工前准备、混凝土搅拌、混凝土浇筑以及混凝土浇筑养护。

在房屋建筑工程的施工前准备阶段，施工单位应当严格审查混凝土层段的模板、钢筋件等相关部件是否安装完毕，并对其中的重要性能参数与指标进行核对。

在混凝土搅拌阶段，房屋建筑工程施工单位需要根据房屋建筑工程设计相关参数与指标确定混凝土配比中的各种材料用量，依照一定的顺序将混凝土配比相关材料倒入到搅拌容器中，并对容器中的混合物进行搅拌。

在混凝土浇筑阶段，混凝土中的水泥成分在水的作用下发生反应会不断对外释放热量，导致混凝土内部随着温度的增高体积不断膨胀，周围空气环境遇热会在混凝土表面形成水蒸气，混凝土浇筑后随着时间的推移，混凝土浇筑物的内部温度与表面温度均呈现下降的趋势，当温度下降到与周围空气环境温度相当时，混凝土浇筑物表面的水蒸气遇冷会形成水珠，这就是混凝土浇筑中常见的泌水现象。

泌水现象的成因即为混凝土浇筑过程中内部温度的剧烈变化，这种剧烈变化也会导致混凝土浇筑物中形成较强的拉力与张力，诱发混凝土建筑物表面裂缝，因此，房屋建筑工程施工单位在进行混凝土浇筑时，应当在浇筑发热过程中对浇筑物采取降温措施，以降低混凝土浇筑物内部与周围环境之间的温差。

（二）钢筋混凝土结构

高质量的房屋建筑结构设计是提高房屋建筑工程整体与局部结构的强度、刚度、耐久性、稳定性的重要内容与关键环节，房屋建筑工程施工单位在设计房屋建筑结构时常用的结构为钢筋增强的混凝土制成的钢筋混凝土结构，常见的建筑材料混凝土是由胶凝材料水泥、砂子、石子和水以及掺和材料、外加剂等按一定的比例拌和而成，凝固后坚硬如石，受压能力好，但受拉能力差，容易因受拉而断裂，为了充分发挥混凝土的受压能力，常在混凝土受拉区域内或相应部位加入一定数量的钢筋，使两种材料黏结成一个整体，共同承受外力。

这种配有钢筋的混凝土，称为钢筋混凝土。钢筋混凝土结构中的主要构件是用钢筋混凝土建造的，包括薄壳结构、大模板现浇结构及使用滑模、升板等建造的钢筋混凝土结构的建筑物。钢筋混凝土结构中，钢筋承受拉力，混凝土承受压力，具有坚固、耐久、防火性能好、比钢结构节省钢材和成本低等优点。

三、房屋建筑工程施工质量控制

（一）测量质量控制

在整个房屋建筑工程的施工过程中，首先就要对房屋代建区域的地形起伏度、高程等工程参数进行定量化测定，并对代建区域的地表与地下环境进行全面的调查与确认，通常包括两部分：平面测量与水准测量，以避免代建区域地下的排水管、电力线、污水管等在房屋建筑工程施工过程中遭到破损，影响当地居民的正常生活与工作。

房屋建筑的平面测量与水准测量需要预先在代建区域范围内布设测量控制点，构建测量控制网络，以提高房屋建筑工程参数的测量精度，为下一阶段工程的正式施工提供工程数据，有效保障房屋建筑工程的质量。

（二）施工材料控制

施工材料是指在整个房屋建筑工程施工过程中所涉及的物资与设备等，施工材料的质量与管理控制水平直接关系到房屋建筑工程的施工质量。通常来说，房屋建筑工程的建设周期较长，建设前后所需要的物资材料与设备也众多，具体的施工单位一般不承担大批量材料采购工作，该部分工作通常由甲方或者业主统一招投标采购，具体的施工单位虽然无法参与到施工材料采购活动中，但作为材料的实际运用与存储者，施工单位在接手采购材料时应当对材料的质量、相关参数指标进行严格审核，以保证材料符合工程施工质量控制要求。

（三）人员管理控制

房屋建筑工程中所涉及的人员包括工程施工人员、工程管理人员、业主指定监理、材料与设备维护管理人员、财务人员等，众多不同工种、不同管理层级的人员在施工过程中的协同程度是影响房屋建筑工程施工质量的关键性因素，施工企业在实际施工过程中应当注重对人员的专业技能与职责进行综合考量与匹配，根据各个成员的专业技能分配适宜的职责与任务，以充分调动工程相关人员的积极性，保障房屋建筑工程的质量。

1.强化施工组织设计编制的合理性

施工组织设计是连接工程设计以及工程施工的重要纽带，是拟建工程从施工准备一直到施工结束整个过程中的组织、技术、经济的综合性、指导性技术文件，是确保施工过程得以科学有效管理的一个制度法规。

所以，施工组织设计应该综合考虑工程特点、施工情况、施工要求以及施工条件等各个因素来进行研究与编制，科学合理地安排或者规划管理人员、施工人员、工程材料、项目资金、施工方法以及机械设备等，以编制一个行之有效地施工组织设计方案，这是做好施工管理工作的重要保障。

2.加强安全管理

安全管理是施工管理中的重中之重。

（1）必须要强化施工人员的安全教育，特别是那些文化程度相对比较低的施工人员，应该采取有效措施牢固树立他们的安全施工意识，确保所有施工人员都能够自觉地遵守安全行为规则并执行安全措施。

（2）施工企业应该针对施工人员定期组织相关的安全讲座以及培训，系统全面的开展安全教育活动。

在房屋建筑工程施工过程中，部分建筑施工企业为了追求利益最大化，并不遵守安全规定，进行违规操作，这是导致安全事故频发的根本因素。针对上述这些违规企业，国家或地方的行政执法机构必须要敢于执法并勤于执法，真正发挥执法机构的权威性和有效性。

3.强化施工人员的管理

材料管理、人才管理以及机械设备管理是建筑施工管理的三大要素。施工管理质量的优劣标准关键还在人才，施工过程中相关的管理人员的知识水平、管理素质、技术能力、经验教训以及组织能力等都会直接影响到施工管理质量的好坏。因此，选用优秀的施工管理人员组建卓越的管理团队是做好施工管理的核心所在。

（四）工程验收质量控制

房屋建筑工程的质量控制不会仅仅依赖于最终的工程竣工验收，在工程施工的各个阶段，如施工前对施工材料、机械设备、施工人员到位情况的验收；施工过程中在每个重要子工程施工环节的阶段性质量控制与验收等均可有效提升房屋建筑工程的施工质量。施工企业以及监理单位在每一个验收环节中一旦发现建设内容与初始设定的建设标准不吻合，则应当追究施工方或相关单位的责任，责令其进行整改与补救；在整改完成后需进行重复验收程序，以保障阶段性工程验收的严格性，降低项目竣工后的工程验收的复杂度。

1.砌体工程质量控制

通常情况下，房屋建筑工程框架结构填充墙均采取的是灰砂砖或硅酸盐加气混凝土轻质墙体。该种形式砌块要求有足够的时间确保墙体散热程度良好充足。然而，为尽可能缩短施工周期，加快工程的施工进度，很多情况下砌块的存放时间无法达到相关的技术要求，这种行为非常容易导致墙体后续的使用过程中出现裂缝，降低其防水效果。

所以，在砌筑砌块之前应该严格根据规定要求，确保砌块已经浇水浸透，完全地散热收缩；砌筑的时候应该调整好砂浆的饱满程度，同时定期并仔细地检查砌块的排放情况，以保障砌筑的墙面拥有较好的平整性和垂直度。

2.基础工程质量控制

对基坑的土质进行认真检验，保证基坑的实际土质和勘察结果能够一致。对于基坑支护方案是否合理性和安全性应该进行认真验证；在设计深层基坑安全支护时，应该考虑到挡墙处以及边坡处存在车辆行走的情况；保证基坑排水能力能够达到设计要求。

对于深基坑而言，需要针对支护结构设施的位移状态进行定期检查，以保证支护设施的稳定性，以确保不出现偏移现象。此外，还需要时刻关注基坑排水情况，在进行混凝土浇灌的时候，必须要对混凝土温度进行严格控制。

3. 梁板柱工程质量控制

在进行梁板柱工程施工过程中，需要对每层的模板轴线位置、梁板和柱断面的尺寸、标高大小等进行仔细检查，保障实际施工情况和设计方案的一致性。重点检查支顶与支底的稳定性、模板的拼接严密性、模板的维修防护措施等。而且模板在使用之前必须要彻底清理，在拆除模板时首先应该确定好方案，避免出现破坏性拆除。另一方面，施工过程中选用的钢筋必须要实施严格检查，确保钢筋能够满足实际使用要求以及国家质量标准。完成钢筋绑扎后，必须要仔细核查钢筋的规格尺寸、数目以及绑扎位置等，以确保梁板柱工程施工质量能够满足要求。

4. 楼地面工程质量控制

部分房屋建筑工程施工企业或单位并没有针对楼地面工程以足够的重视，导致该环节经常出现质量问题。比如，地面面层起皮、出砂，一些需要排水的地方，如浴室等的地面坡度不足、缺乏防水防护措施，地面砌砖砂浆饱满程度不能满足要求等。上述质量问题虽然不会造成重大安全事故，但是会直接影响到用户的正常生活使用。所以，在建筑施工过程中，施工单位必须要注重楼地面工程质量控制工作，确保地面面层质量能够达到相关要求。

房屋建筑工程施工可以说是个系统并且复杂的过程，任何一个环节出现质量问题最终都会造成房屋建筑工程整体的施工质量出现问题。因此，建筑施工企业应该严格控制并选用施工原材料以及施工器械设备，同时严格控制施工工程中的多个环节，从根本上避免各类房屋质量问题的出现。

在当前庞大的房屋建筑市场需求以及较高的施工技术与施工质量门槛下，针对施工技术管理与施工质量控制分别进行重点剖析，从措施的角度为房屋建筑工程施工单位提供应对策略，以提高房屋建筑工程施工单位的施工质量，保障施工工程的顺利竣工与验收。同时，施工单位针对施工技术的有效管理与质量控制可以从制度与体系上规范企业的施工行为与施工模式，有助于其以质量为市场营销卖点形成良好的企业品牌价值，以此打造企业的核心竞争力，在激烈的施工企业竞争中占据战略性地位。

第四节 现场建筑施工技术管理及质量控制要点

一、建筑现场施工技术要点

（一）混凝土施工技术要点

混凝土的施工主要就是有搅拌和运输，并且在这当中还需要确保其能够连续浇灌，以此对混凝土的出罐温度降低。对其质量控制的要点主要有：

（1）在夏季进行混凝土的浇筑中需要相应的做好降温措施，避免其产生质量问题；

（2）如果采用搅拌站，尽可能地将搅拌站设置在和工地较近的位置，并且采用相关运输机械对其实施运输，从而将混凝土的施工效率提升；

（3）在对混凝土的浇筑过程中，为了保证质量，就需要做好泌水工作，将混凝土表面当中的泌水情况消除，同时还需要做好湿润处理和相应的温度控制。

然而，实施二次浇筑，防止其产生塑性裂缝。

（二）钢筋施工以及模版施工的技术要点

在实际的施工中，需要和相关规范要求进行结合，特别是对于钢筋的吊装以及焊接和绑扎等工序，需要强化施工质量的有效控制。施工人员在进行钢筋施工之前，需要了解对于施工结构的设计图，并且相关的管理人员需要对钢筋实施抽样检查，以此来保证钢筋的质量能够和施工要求相符合。对于需要用作载重的钢筋还需要有效地做好力度测试。

1. 钢筋工程是混凝土结构施工的重要分项工程之一，是混凝土结构施工的关键工程

混凝土结构所用钢筋的种类较多，根据钢筋的直径大小分为钢筋、钢丝和钢绞线三类；根据钢筋的生产工艺不同，钢筋分为热轧钢筋、热处理钢筋、冷加工钢筋等；根据钢筋的化学成分不同，可以分为低碳钢钢筋和普通低合金钢钢筋。

2. 模板系统包括模板、支撑和紧固件

模板工程施工工艺一般包括模板的选材、选型、设计、制作、安装、拆

除和修整。模板及支撑系统必须符合以下规定：要能保证结构和构件的形状、尺寸以及相互位置的准确；具有足够的承载能力刚度和稳定性；构造力求简单，装拆方便，能多次周转使用；接缝要严密不漏浆；模板选材要经济适用，尽可能降低模板的施工费用。

（三）基础施工技术要点

1. 在施工之前

需要加强对于设计方案的有效制定，在设计当中，要与建筑形式结合，还需要和建筑的实际地质情况与水文情况结合起来，强化施工方案的全面设计。在设计中，需要对实际的施工质量以及安全性予以重视；还需要强化工程施工成本的有效控制；有效做好相应的测量工作，对于地基的承载力实际值进行测量，在实际土压力值的基础上对其准确的计量；对相关数据进行核实，防止在实际的施工中因为数据的不准确导致地基沉降情况的发生。

通常，在地基施工当中往往与很多工序有着联系，因此需要加强监督和管理；对于基础施工当中所存在的问题及时发现，同时对其及时解决，避免出现相应的安全事故。

2. 在施工过程中

房屋建筑施工项目所涉及的范围十分的广泛，而地基施工是其中最为关键的一步，特别是一些无法承受所需要的软土地基，则需对其进行科学处理。各类的地基处理技术对应的重点也有所差别，相适应的土壤状况也存在着不同。因此，在施工过程中需着重注意科学运用不同的地基处理技术。

软土地基其自身具有一定的可变性，因此极易使得工程在施工完成后出现稳固性极低的情况。对于地基实施的处理技术其主要目的为尽可能地将地基土出现变形状况的概率降到最低。

（四）结构转换层施工技术要点

由于建筑结构当中的各个楼层转换位置所承受的压力不同，所以在对楼层间距进行布置当中，需要将上层的墙体和柱面相应减少，同时下部的楼层刚度也需要加大，并且柱网设置需要密集化，以此将楼层的支撑力体现出来。

一般建筑的上部都是剪力墙，其自身的刚度比较大，对于下部基本上都是框架柱，其自身的刚度比较小，所以就需要转换层的设置，以此来对建筑结构进行转换。若是转换层比较高，上下两层的应力以及位移角都会产生比较明显的变化，所以在对转换层进行设计当中就需要对转换层科学合理地限制。

二、现场建筑施工技术管理及质量控制要点

（一）健全质量管理体系

首先需要加强质量管理体系的完善，按照施工现场质量管理的相关细则以及实施规范，采用工程师责任制，并且成立专门负责施工技术质量管理的部门，总工程师主要负责施工程度以及项目的管理。在实际的工程施工当中，需要总工程师和相关的技术部门以及质量管理部门等进行协调处理，按照项目的实际情况，对各个阶段的质量管理细则进行编制，同时严格执行和落实，将责任有效地在每个施工环节进行细化和分配。

（二）强化施工现场的安全管理

相对于建筑当中的通道以及楼板和电梯口等工序，需要做好相应的安全防护，并且在施工中的施工人员一定要佩戴安全帽以及穿安全鞋，防止产生相应的安全事故。

在建筑工程的施工现场，一定要在重视工程质量以及进度的基础上，一定要建立安全施工责任制度，加强对于施工技术安全的有效管理，将其有效地落实到每个施工管理者身上。

（三）现场原材料及成品质量检测

在建筑工程施工现场，建筑原材料的质量对施工质量有着一定的影响。通常，在原材料进入都施工现场之后，一定要对原材料以及半成品材料和成品材料做好取样检测工作，在实际的取样工作当中一定要由具有合格资质的企业来承担检测工作，不能由施工企业来承担。检测企业在进行工程材料取样之后，需要按照相应的标准技术试验流程进行质量的检测，在保证符合工程材料和相关的质量要求之后，才能够将其应用到实际的施工当中。

建筑工程质量提高的基础条件就是需要对工程的原材料质量实施严格的控制，有相关资质的企业一定要加强对于材料的质量检测，避免在施工中出现质量低劣的材料和产品，还需要对工程的整体质量加强严格的控制和管理。

（四）加强对现场施工工序的监督管理

1. 加强对于施工人员的有效培训
对其岗位责任意识进行强化，尤其是对于每一个施工工序都要有效落实。
2. 需要做好相应的技术交底工作
相对于相关的工程要求以及标准和重点施工工序，每一个施工人员都能够了解相应的施工技术，确保其能够根据相关的质量要求完成工作。

3.对于现场的问题进行协调和处理

监督管理人员需要对于施工的各个环节以及施工企业的有效衔接工作的重视，确保工程的顺利进行。

所以，企业需要加强监督管理人员素质的提升，强化岗位责任制度的建立和完善，使得其能够和绩效考核有效联系，若是有很大的失误需要严肃处理，对于一些表现良好的加强奖励。

三、现场建筑施工技术及质量控制要遵循的管理原则

（一）建筑施工技术及质量控制要遵循规范标准化的原则

施工现场的管理一定要有标准化的程序，只有在标准规范的流程下进行，管理工作才能顺利地完成。建筑施工现场具有复杂性，同时还会受到现场多种因素的影响，如果不按照一个规范的标准进行，势必造成现场管理工作混乱，建筑施工技术与质量也很难进行控制。

（二）建筑施工技术及质量控制要遵循经济效益的原则

1.要有一个整体管理思路

建筑施工在注重质量管理的同时，不能忽视对经济效益把控，如果只重视施工的质量技术，单纯追求生产技术第一，而不考虑经济成本与市场效益，那样的管理也是局部和片面的。

2.各个职能部门尽可能降低成本

在节约开支的基础上落实生产技术问题，一个好的管理体系要能在建筑管理中出效益，要争取做到少投入多产出，达到事半功倍的效果，在保障技术质量同时，获得更大的经济效益。

（三）建筑施工技术及质量控制要遵循科学合理的原则

1.建筑施工应该以科学合理的方法进行

包括施工现场的各项管理工作与技术工作，都要根据经济发展和现代化生产的要求，按照科学性、合理性的准则来进行。在施工操作的流程和方式上，也要将结构设计合理，一环扣一环实行，兼顾整体；对于现场的机械设备，要最大限度提高其使用率，充分利用和挖掘现有的资源，让其发挥更大的作用。

2.加强施工现场质量的有效控制

对建筑工程的施工现场技术管理以及质量控制工作，其在确保工程质量中有着非常重要的作用，所以就需要确保施工现场的质量控制，为人们提供

更好的建筑产品，从而保证建筑施工整体行业健康优良的发展。

四、分析现场建筑施工质量的相关控制措施

（一）关于施工技术管理和质量监督的控制措施

1. 保证项目的顺利进行，落实施工管理职责和质量控制

要提高施工管理质量，不断提高施工技术管理措施，以现代理念武装自己，科学的制定技术管理制度，及时更新施工管理理念，如组织管理人员对外进行经验借鉴，学习其他先进建筑单位的管理手段，打破传统管理观念的束缚，学会全面看待施工中出现的各种问题，不断提高自身技术手段，从而提高施工效率。

2. 建立和完善整体监督体系

完善质量监督体系，不仅能够从根本上促进施工质量的提高，还能够促进管理水平的进一步提高。很多建筑工程出现问题都在于没有建立相关的质量监督机制，或者机制建立不完善，没能进行有效地管理。我们除了要对质量管理人员的工作进行动态监督之外，也要对监理人员实行监督机制，保证监督工作的有效实行。

（二）关于施工设备和材料的质量控制措施

1. 及时地对材料进行检查

在对材料进行保管时需要注意的就是保管好那些对环境条件要求较高的材料，在进行材料的配比时，就要合理的增大热气以及水蒸气的排放量，这样就能够很好的增加材料的合格率，从而淘汰那些不合格的材料。除此之外，在材料的选择上还要十分注意，这是保证土建建筑施工具有相应的合理性的基础。尽早地替换掉那些已经损坏的部分，对没有损坏的部分要采取相应的防护工作。

2. 对于材料后期的检测工作也不能有丝毫的放松

尤其是对一些容易被腐蚀、受潮的材料，要强化这些材料的存储管理。这就需要相关的房屋建筑管理部门及时地对材料进行监督管理，保证施工过程中所需要的材料的安全和质量，这些都是对土建建筑施工十分有利的。

（三）关于施工检查和验收的控制措施

1. 对产品以及工序的验收和检查应当依照相关规定进行

在此之前，需要进行严格的自检，确认无误后提交质量验收通知监理工程师处，其接到通知后，监理工程师需要在规定时间内对工程项目继续

进行质量检验，确保工程质量符合合同要求后签发验收单，然后才能进行下步工序。

2. 监理工程师要把关

针对工程中所需要使用的材料以及产品配件、施工设备，需要进行现场验收，即凡是会涉及施工中有关安全施工的产品都必须予以检验。另外，各个专业的工程质量验收还需要进行规范性的复检，并且需要得到监理工程师的认证。

以上分析了现场建筑施工的相关问题，包括建筑施工的技术要点，以及建筑施工的质量控制要点等方面，我们对建筑施工的技术与质量管理有了一个总体的认识。建筑工程施工无论如何发展，施工技术与质量都是一个核心问题，因为工程质量始终关系着人们的生活与安全。建筑工程施工单位一定要加强施工管理，一方面抓建筑施工技术，一方面对施工进行科学管理，开展全程监控的制度约束，对建筑施工现场的各项规章制度都要严格执行，发现不完善的地方要及时进行修改完善，保障建筑施工在一个科学合理的体系下进行，保质保量地完成各种类型的建筑工程。

第四章 建筑施工技术概述

建筑施工技术主要是指建筑施工中各主要工种工序的施工工艺、技术和方法。近年来，不断出现的新工艺和新技术为建筑工程项目的发展夯实了基础。

第一节 土方工程

一、土的工程分类

在建筑工程施工中，根据土的坚硬程度将土分为松软土、普通土、坚土、砂砾坚土、软石、次坚石、坚石和特坚石八类。其中，前四类属一般土，后四类属岩石。

二、土方工程的内容

土方工程是建筑工程施工的首项工程，主要包括土的开挖、运输和填筑等施工，有时还要进行排水、降水和土壁支护等准备工作。土方工程包括平整场地、挖基坑、挖基槽、挖土方和土方回填等工作内容。

1. 平整场地

平整场地是指施工现场厚度在 300 mm 以内的挖填、找平工作。

2. 挖基坑

挖基坑是指挖土底面积在 20 m² 以内，且底长小于或等于底宽 3 倍者。

3. 挖基槽

挖基槽是指挖土宽度在 3 m 以内，挖土长度等于或大于宽度 3 倍以上者。

4. 挖土方

挖土方是指挖土宽度在 3 m 以上，挖土底面积在 20 m² 以外，平整场地厚度在 0.3 m 以外者。

5. 土方回填

土方回填包括基础回填、室内回填和管道沟槽回填。

（一）土方工程的特点

土方工程具有量大面广、劳动繁重和施工条件复杂等主要特点。建筑工地的场地平整，土方工程量可达数百万立方米以上；施工面积达数平方千米；大型基坑的开挖，有的深达 30 多米。

土方施工条件复杂，又多为露天作业，受气候、水文、地质等影响较大，难以确定的因素较多。因此，在组织土方工程施工前，必须做好施工组织设计，选择好施工方法和机械设备，制订合理的土方调配方案，实行科学管理，以保证工程质量，并取得好的经济效果。

（二）土方工程施工准备

1. 施工机具、设备

应根据工程规模、合同工期以及现场施工条件，采用符合施工方法要求的施工机具和设备。一般土方开挖工程采用液压挖掘机、自卸汽车、推土机、铲运机等。

2. 施工现场要求

（1）土方工程应在定位放线后施工。

在施工区域内，有碍施工的原有建筑物和构筑物、道路、沟渠、管线、坟墓、树木等，应在施工前妥善处理。

（2）尽可能利用自然地形和永久性排水设施，采用排水沟、截水沟或挡水坝措施。

（3）施工前应检查定位放线、排水和降水系统，合理安排土方运输车辆的行走路线和弃土场地，铺好施工场地内的临时道路。

（4）施工机械进入现场所经过的道路、桥梁和卸车设施等，应预先做好必要的加宽、加固等准备工作。

（5）修好临时道路、电力、通信及供水设施以及生活和生产用临时房屋。

3. 技术准备

（1）组织土方工程施工前，建设单位应向施工单位提供当地实测地形图（其比例一般为 1：500~1：1 000），原有地下管线或构筑物竣工图，以及工程地质、气象等技术资料，编制施工组织设计或施工方案。

（2）设置平面控制桩和水准点，以作为施工测量和工程验收的依据。

（3）向施工人员进行技术、质量和安全施工的交底工作。

（三）常用土方施工机械

土方工程施工机械的种类繁多，常用的有推土机、铲运机、装载机、平土机、松土机、单斗挖土机、多斗挖土机和各种碾压、夯实机械等。这里着重介绍推土机、铲运机。

1. 推土机是土方工程施工的主要机械之一

推土机按行走的方式，可分为履带式推土机和轮胎式推土机。履带式推土机附着力强，爬坡性能好，适应性强；轮胎式推土机行驶速度快，灵活性好。

推土机适应于场地清理和平整，开挖深度在 1.5 m 以内的基坑、填平沟坑，也可配合铲运机和挖土机工作。推土机可推挖一至三类土，经济运距 100 m 以内，效率最高为 40～60 m。

为提高生产效率，常采用下坡推土法、槽形推土法和并列推土法等施工方法，在运距较远而土质又比较坚硬时，对于切土深度不大的，可采用多次铲土、分批集中、再一次推送的施工方法。

2. 铲运机是一种能够独立完成铲土、运土、卸土、填筑、整平的土方机械

铲运机按行走机构可分为自行式铲运机和拖式铲运机两种。

随着建筑事业的不断发展，建筑土方基础施工的要求也在不断地提高，既要保证工程的质量又要保证工程的安全，这对于建筑土方是一个巨大的挑战。针对目前我国建筑土方施工的特点，对土方工程的机械设备和编制土方专项施工方案，为实现高质、美观的建筑土方工程提供基础。

（四）建筑土方工程的种类与特点

1. 土建施工建设的主要工作

它包括地面的平整度，土方的填实与压实、开挖沟槽、基坑隧道或竖井，这是一项复杂而烦琐的工程。建筑土方工程建设的好坏都影响着建筑工程建设的顺利进行。

2. 建筑土方施工工程的特点

主要特点是施工条件复杂、工作易受到外界环境的影响、劳动的强度会比较大、施工面积也会很广。在这样的状况下，我们要因地制宜，对地势的各种环境影响状况进行有效地分析，做好施工运作方案，确保土体的稳定性和足够的强度，实现工程在施工中有效进行。

3. 工程的土的性质

包括土的含水量、土的密度、土的参透性和土地的可松程度来进行分析，按照合理的工程量来计算当地工程建设的各项要求，满足建设中的规定，实现因地制宜的策略方法建设工程。

4.掌握建筑土方工程中的计算方法

比如，基坑、沟槽的计量，土地的稳定性测量，设计标高的测量，熟悉土方的调配工作，采用先进的机械设备对建筑土方进行施工等。

（五）建筑土方工程的机械化

土方地面的平整性影响着建筑土方施工的有利进行，必须明确在施工中，土地压实的密度和均匀度要得到合理的规划，在碾压地面的过程中，避免碾轮下陷状况，提高地面的平整度与压实度，应该实行预压速度，之后再根据预压的状况实现地面的平整。

土质的性质决定了施工建设的工作力度，我们要通过对土质量密度、土可松性进行分析计算，公式如下。

1.土的最初可松性系数

$$K_s = V_{松散} / V_{原状}$$

式中，K_s 代表的是可松性系数；$V_{原状}$ 表示土在天然状态下的体积；$V_{松散}$ 表示土经过开挖后的松散体积。

2.土的最后可松性系数

$$K`_s = V_{压实} / V_{松散}$$

式中，$V_{压实}$ 表示土经过压实后的体积；$K`_s$ 就是代表在压实后的土质体积可用值。

在平碾的时候，一般速度保持在 2 km/h，而且还要控制在碾的次数，这样就可以保证压实机械与管道在同一个平面上，避免基础设施的损坏或位移状况。在压碾的过程中要注意工程边缘、边角的地方，机械设备不可能正常施工，所以必须应用人力运用小型的机器实施加工，避免路面的不平整。压实的密度的机器设备一般不能超过 1 ~ 2 cm。在平碾碾压完一层后，运用人工力量对里面进行拉毛，对干的路面实行湿润后继续回填，保证上下层连接的密度相当。

（六）土方工程的填筑与压实

土方的工程施工建设主要是依据施工土方的土体的强度和稳定性，所以要选择好恰当的填土方式并且选择正确的土料，这样就可以实现基础设施的安全保证。掌握好施工中土的含水量以及填充的厚度，利用碾压法、夯实法、振动压来实行工程进行有效的施工。

1.碾压法

利用机械的滚轮压力对施工中的土壤进行压实，把土的密度提高，主要机械设备有羊足碾和平碾。一般在黏性土壤中使用的是羊足碾，主要是为减少在碾土的过程中土的颗粒向四周移动，在松土压碾的时候应该先轻压后再实压，在压碾的过程中速度应保持在 3 km/h 之内；而平碾主要是以内燃机为动力的自动式的操作系统，速度保持在 2 km/h 内。

2. 夯实法

是在利用自由落体的冲击力来实现夯实土壤的方法，使得需要碾碎的土壤呈现更细致的密度，主要适用于黏性土壤、黄土以及碎石类的土壤，把土壤压紧，实现深层加固的作用。

3. 振动法压土技术

在对土壤进行压制的时候，把振动设备放置在土层的表面，在振动下，把更多的沙质土壤或是固体土壤进行位移，达到土壤紧致的效果；在正常的工程路面施工的过程中实行振动时最好运用土壤压碾法。

（七）编制土方工程专项施工方案

1. 在施工的前期做足做好必要的施工准备工作

建筑土方工程施工往往会受到外界土质、天气、水文环境的影响，在施工建设中呈现工程量大，施工条件的复杂等情况。因此，在施工的前期，就应该把握建筑土方工程的信息采集，应准备好工地的实测地形图、施工地点的设计图、当地的天气状况资料，根据资料对项目工程进行编写施工方案。

2. 在建筑土方在施工时要注重施工场地的卫生

去除一切阻止工程进行的障碍物，比如，水沟中的果皮、建筑四周的电线、通信设备等。对地层表面卫生进行清理，避免皮草、腐蚀物对工程的质量产生不利的影响。准备完前期工作之后就要编制土方工程方案，为土方工程在施工中提供强有力的依据。

三、常见的问题以及处理措施

（一）雨期施工

1. 提高天气意识

由于在土方工程施工中会受到雨期的影响，所以一般土方工程施工在雨期前完成。土方施工的面很广，不利于开展全面性的建筑土方工程施工，实行分段施工完成，在制定施工计划时要注意事件的安排，坚持每天定量或是每周定量来进行分工。在雨期施工的过程中最主要的是保证工程的质量和安全，因此，工作人员一定要加强气象信息的关注度，加大对雨期施工的技术管理。

2. 在雨期来临时

施工人员必须对施工现场的排水状况进行完善，加固和增加排水系统，防止水势过大影响土方施工的土体质量。在雨期施工时，要保证路面交通的顺畅，对路面不平整地区进行及时的填补，在地势特别低的积水处应该修建排水管道，排除路面的积水。

（二）填方土出现橡皮土现象

1. 橡皮土

在施工场所进行填补的过程中，使用了含水量较高的土质进行工程的填补，在压碾之后发现土质的体积在不断地减小，四周形成了鼓起或隆起等现象，从而导致建筑土方工程土体的不稳定。填土的材料质量出现问题对建筑土方质量也会受到很大的影响，形成了柔软的橡皮土，不利于建筑土方施工的质量管理。

2. 措施

在填土的过程中要加强填土原料的质量管理，对于橡皮土的现象利用砂石进行填补，防止造成灰土水泡的现象发生。如果要填补的面积比较大，那么就用干土、石灰、碎石进行填充。

（三）回填土达不到密实度的设计要求

施工场地在受到外界的负荷载力的影响后，地下的基坑就会出现移位与变形的现象，导致建筑土方地基不稳定。土方施工的土体不紧密、水分过大则会形成橡皮土，影响着整个土方工程的施工。在土体超过规定有机质时，土料也就不能适应施工条件，因此，在设计建筑土方时要根据工程的土质进行研究，填实的土质一定要符合建筑土方规定的要求，加强材料的含水量监测。

伴随着建筑业规模不断扩大，建筑施工的质量备受关注。土方施工建设会受到当地的环境因素的影响，无法实现在独立的环境中完成施工。所以，在建设建筑土方的过程中，要制订合理的方案，做到心中有数。在实行填土时，要确保材料的质量，减少土体的含水量和有机物，从而保证建筑土方工程的质量。

第二节 地基处理及桩基础工程

我国地域宽广辽阔，地形地质情况复杂多变，在对建筑工程地基桩进行处理的时候，应依据其地形选择恰当的处理方法进行操作，改善地基条件，提高地基承载力，从而保障建筑工程质量。建筑工程地基桩的处理方法各式各样，每一种处理方法都有其独特之处，都有其适用范围和局限性，没有在任何地基条件下都合理的万能处理方法，采取适合建筑工程地基桩实际的处理方案是至关重要的。

一、桩基础技术的含义

（一）桩基础技术的含义

所谓的桩基础技术具体指的就是把桩基与柱顶承台连接在一起，从而构造成一种深基础。在现代高层建筑建设过程中这一技术得到了广泛的应用，特别是在一些地基相对比较浅、层上的质量比较弱的工程。这些建筑物对建筑基础要求比较高，只有提高基础稳定性才能保障建筑质量和安全性。

如果所采取的建筑技术不能提高建筑的地基承载力，就会造成建筑加速沉降，影响建筑安全；而桩基础技术就可以很好地解决这一问题，提高安全性。

（二）桩基础技术的施工技术

构成一般桩基础技术主要由两种构成，即静力压桩技术和振动沉桩技术。

1. 静力压桩

所谓的静力压桩技术是指在工程建设过程中通过运用静力压桩机，将预制桩压到土中，其利用的就是压桩机自身的重量。这种技术的优点很多，比如，无噪声、操作简便、质量保证等，能够广泛地应用到工程建设过程中。但是，在高压缩性的黏土中采用这一技术时要注意一次性完成，不能停顿，否则会破坏土层的结构。

2. 振动沉桩

所谓的振动沉桩技术是通过利用机器的振动效果，利用预制桩自身具备的重量，将其沉入地下的。这种方式操作比较简便，而且成本较低，劳动强度也好。

二、桩基存在的缺陷

（一）桩基顶部存在的缺陷

在浇筑水下的混凝土的时候经常会出现泥浆沉积的现象，但是实际操作过程中很难准确地测量出泥浆的厚度，在灌桩过程中如果混凝土不足就会造成夹泥问题，影响工程质量；另外，在浇灌过程中，如果用力不均衡也会影响工程质量；最后，在施工过程中如果使用大功率的风镐也会影响周围的混凝土，造成工程质量下降等问题。

（二）桩基中部存在的缺陷

由于勘探误差等问题在混凝土灌注过程中很容易出现局部的塌陷问题，从而造成混凝土翻浆受到阻碍，影响了混凝土的质量，造成桩基的部分缺陷。此外，在建设过程中如果将导管用力拆除或者拔出，也会在一定程度上影响混凝土质量。由于一般的导管存在气密性差等问题，所以在进行水下作业时，导管很容易进入泥浆中，使得内外压强出现差异，影响混凝土质量，甚至还会出现翻浆现象，导致断桩。

（三）单桩承载力与设计要求不符

在施工过程中单桩承载力有时会与设计要求不相符，而造成这一问题的主要原因是在施工过程中桩并没有达到相应的深度，但是已经满足设计的深度，这就使得实际结果与设计要求不符。这是因为在勘察过程中出现误差导致的。另外，单桩倾斜过大、断裂也是导致这一问题的原因。

三、置换与填压地质材料的相关分析

所谓的置换与填压地质材料具体指的就是将材料层进行置换和填压，材料层就是在建筑建设过程中由原本的自然环境形成的地面材料。

（一）处理方法及分析

置换和填压材料层就是利用鹅卵石、砂石等材料将原有材料层替换掉，这是因为与原有材料层相比这些材料具有透水性好、压缩性低、硬度大等优势，在实际应用过程中这些材料不易被腐蚀。在建设过程中，鹅卵石应用较为广泛，这种材料有较强的硬度，可以起到加固地基的效果。在建设过程中一般不会将较软的材料应用到地基建设过程中，这很容易造成地基坍塌，使地基变形，影响楼房的安全性。

（二）施工特点分析

在建筑建设过程中，置换与填压地质材料较为常见，得到了广泛的应用。这一方法具有很多优势，而且任何方式都不能替代。具体包括以下几个方面：

（1）通过改变原有地质材料可以有效提高土壤的抗腐蚀性，改变土壤硬度小等缺陷；

（2）这种方式环保无污染，能够有效保护环境，不影响生态安全，防止水污染、大气污染等问题的出现。

四、打桩法及其相关内容

（一）水泥粉煤灰碎石桩法

1. 处理方法

水泥粉煤灰碎石桩法是指复合地基是由水泥、碎石、粉煤灰、石屑等材料搅拌形成的黏结强度较高的桩，并设置厚度适中的褥垫层在桩顶与基础之间，以确保土与桩一起负重，构成桩、桩间土与褥垫层的共同载重的复合地基。

水泥粉煤灰碎石桩法适用于处理黏性土、砂土、粉土和素填土等土质的建筑地基；对可液化地基，应采取碎石桩和水泥粉煤灰碎石桩多桩型复合地基，以防止地基土的液化和提高地基的承载力。

2. 特点

其处理方法应依据现场试验或者地区经验来确定，具有可变现和灵活性。在进行地基处理时，对水泥粉煤灰碎石桩复合地基承载力特征值都有具体的要求。复合地基中因为少量的粉煤灰掺入了水泥粉煤灰碎石桩中，不足以充分发挥桩间土良好的承载效果，其受力和变形类似于素混凝土桩，具有地基承载力高、稳定快、变形小、施工简单易行的优点，且工程造价低，具有快捷、经济的特点，其社会效益和经济效益较高。

（二）粉体喷射搅拌法

1. 处理方法

粉体喷射搅拌法是指将粉粒状加固材料水泥、生石灰粉搅合于软弱地基中，与原位土进行强制搅拌，使原位土与加固材料产生一系列物理化学反应，在改善土质性状的同时提高其强度，是软土地基深层搅拌加固的一种技术。

2. 特点

其处理方法使用的加固材料常见，容易采购，当前普遍采用的加固材料以水泥为主。用粉喷桩加固软土地基，大大地提高了软土地基的强度，能够提高路堤填土率，有效地控制铺筑路面后的工后沉降量，可以保证建筑工程的质量。而且，粉喷桩技术的运用在我国工程界越来越受重视，具有发展速度快、运用范围广、加固深度深的特点。

五、煤灰加碎石加水泥打桩法

（一）主要处理方法

这种打桩的方法一般来说在复合地基中运用得比较多。这种桩主要是将碎石、煤灰、水泥等材料进行均匀的搅拌之后，制造出强度较大的桩。在打桩的同时，为了使桩子与地基一起荷载重力，要在桩与地基之间设置厚度合格的垫层。这种方法一般是在黏性土质中运用，这样不仅可以避免地基的软化，也能够使地基更加的坚固，承载的力量更大。

（二）特点分析

这种混合打桩方法也是一种比较常见的方法。多种材料混合，多种材料受力，与混凝土的原理极为相似，它的承载力非常强大。它不光承载力大，而且比较稳定，不容易发生形变。在具体的施工中，它使得工程比较简单，容易实现。最重要的一点是它比较廉价。在实际的施工中，投资者为了尽量降低生产成本，大多会青睐这种桩，特别是在复合地基中被广泛运用。

随着我国建筑地基桩处理技术的不断完善和发展，以及建筑工程地基桩实践项目的逐渐增多，人们已不断地对建筑工程地基桩的应用特性进行深入研究，并且在原有的处理技术和施工方法上进行了改革和创新。建筑工程地基桩处理技术也已经成为土质学、土力学以及基础工程领域中一个充满活力的专业分支。

在建筑工程实践过程中，应依据区域地基桩的工程特点，制定区域性的地基桩处理技术规范，选择适合的地基桩处理技术，以达到安全施工、工程造价低、施工周期短、处理效果好、经济效益高的目的。

六、换填料层法

（一）处理方法

换填料层法是指挖去建筑工程地基底面先天形成的或者后天形成的部分或全部软弱土层，分层换填压缩性较低、不易腐蚀、透水性较好、且强度大的材料，比如灰土、素土、砂卵石、工业废料之类的，然后将其压实，作为建筑地基持力层。对于土质疏松、不符合建筑物强度或变形需求的软土地应当进行人工加固处理。

其处理方法应依据现场试验或者地区经验来确定，具有可变现和灵活性。

（二）特点

换填压缩性较低、不易腐蚀、透水性较好、强度较大的材料后，能够有效地防止建筑物的沉降，提高地基桩的承载力，加速基层软土的排水固结，能够防止建筑材料因受冻而导致冻胀，消除膨胀土的胀缩。例如，在容易湿陷的黄土地基桩中，用灰土或者素土替换黄土，能够有效地消除湿陷变形。并且，换填后的高密度的材料还可起到防水的作用，防止地下水浸泡天然黄土层。

换填料层法不仅具有上述良好功能，而且在环保质量日益提高的现代社会，它基本无大气污染、无水质污染、无噪声污染、无地面泥浆污染的特点，只有微量的且波及范围小的振动感。

在进行地基处理时，对水泥粉煤灰碎石桩复合地基承载力特征值都有具体的要求。复合地基中因为少量的粉煤灰掺入了水泥粉煤灰碎石桩中，不足以充分发挥桩间土良好的承载效果，其受力和变形类似于素混凝土桩，具有地基承载力高、稳定快、变形小、施工简单易行的优点，且工程造价低，具有快捷、经济的特点，其社会效益和经济效益较高。

七、压实法

（一）处理方法

压实法是指由孔隙率相对较大的固体、气体、液体三种土质填充物构成的，采用碾压的方式，使填充物材料颗粒互相接近和小颗粒融进大颗粒的孔隙内而重新排序，并排出水分和空气，降低孔隙率，以此加大填充物的密实度和提高填充物固体颗粒的密度，使建筑工程地基桩含水率及密实度都符合需求的物理过程。

（二）特点

影响因素较多，在对建筑工程地基施加压力时，其填充物的类型、填充物的含水量、压实机的种类和功能、施压分层的厚度、施压的遍数及方法等，都会对地基压实度造成影响。

用其方法的施工过程较为复杂，施工准备工作较为烦琐，要求施工作业标准化、规范化、程序化。该地基处理方法不但适用于公路工程地基、铁路工程地基以及机场、堤坝、码头等工程地基的填筑施工，而且更适用于那些工程地基区域土质较为软，亦或较为疏松的地质。

八、碱液法

碱液法是指向土地中注入碱液，活化颗粒表面，之后再在交接处互相胶结形成一个整体，但碱液本身是不析出任何胶凝物杂质的，从而达到提高土的强度，加固地基作用的化学过程。

（一）处理方法

碱液法加固技术首先要测量好灌注孔的平面距离，明确其位置；对于独立基础，应当在四周设孔；对于条形基础，应当在两侧各布置一排；依据加固情况设置其孔距，然后进行打孔。

使用直径为 70 mm 左右的洛阳铲竖向或向基础中心倾斜钻孔至设定的加固深度，接着再进行埋管。

先在孔中埋进粒直径为 30 mm 左右的砂石至灌浆管下端标高处，插入大小合适的开口钢管，然后在管子四周填充较厚、粒径较小的砂砾石，上方使用素土或灰土分层压实至地基表层，用直径为 25 mm 的胶皮管将溶液桶与灌浆管连接进行灌浆，控制好溶液浓度和灌浆速度，最后将碱液加热至高温，开启阀门，溶液将自动注入土中。

（二）特点

碱液法加固建筑地基的施工方法较为简单，浆料硬化较快，加固体强度较高。但是，灌浆材料价格较高，并且加固深度不够深，通常局限于对浅层加固的处理。

在工程建设过程中，桩基础施工技术可以有效提高工程建设质量，保障工程稳定性，对于我国建筑事业的未来发展有着至关重要的作用，特别是在一些高层建筑建设过程中，这一技术发挥着不能替代的作用。所以，在建筑建设过程中要注重这一技术的发展，尽可能发挥这一技术的关键作用，重视管理力度，提高工程建设质量和水平，确保建筑安全稳定。

第三节 砌筑工程

一般民用和工业建筑的墙、柱和基础都可采用砌体结构。砌筑工程所用材料主要有砖材、水泥、砂、石灰膏和外加剂等。材料进场应进行材料质量检验与验收，除检查其合格证、产品质量检验报告、外观质量外，还应进行抽样复检；检查合格后方可使用。

一、砌筑工程基础概念

（一）砖材

砌体工程中用的砖材有普通砖和砌块。

普通砖有普通黏土砖、煤渣砖、烧结多孔砖、烧结空心砖和蒸压灰砂空心砖等。砖块有粉煤灰硅酸盐砌块、混凝土小型砌块，高度在380~940 mm的块体，一般称为中型砌块，大于940 mm的块体，称为大型砌块。砖材强度等级、外观质量应符合设计和规范的要求。

空心砖和多孔砖的区别主要有以下三个方面。

（1）多孔砖孔洞率要求为大于15%；空心砖孔洞率要求为大于40%。

（2）多孔砖孔洞的尺寸小而数量多，空心砖孔的尺寸大而数量少，一般有2孔、3孔、4孔等几种。

（3）多孔砖常用于承重部位，空心砖常用于非承重部位。

（二）水泥

砌筑用水泥应根据设计要求常用中等标号的普通硅酸盐水泥，对于有特殊用途的情况则选用相应的特殊水泥。水泥进场使用前，应分批对其强度、安定性进行复检。不合格产品不能使用或降级使用。当在使用中对水泥质量有怀疑或水泥出厂超过3个月（快硬硅酸盐水泥超过一个月）时，应复查试验，并按其结果使用。

水泥包装袋上应清楚标明：执行标准、水泥品种、代号、强度等级、生产者名称、生产许可证标志及编号、出厂编号、包装日期、净含量。包装袋两侧应根据水泥的品种采用不同的颜色印刷水泥名称和强度等级。不同品种的水泥，不得混合使用。因为各种水泥成分不一，当不同水泥混合使用后往往会发生材性变化或强度降低现象，从而引起工程质量问题。

（三）砂

1. 砌筑用砂常采用中粗砂

人工砂、山砂及特细砂，应经试配能满足砌筑砂浆技术条件要求。砂中不得含有有害杂物，砂的含泥量应满足下料要求。

（1）对水泥砂浆和强度等级不小于 M5 的水泥混合砂浆，不应超过 5%。

（2）对强度等级小于 M5 的水泥混合砂浆，不应超过 10%。

（3）砂中含泥量过大，不但会增加砌筑砂浆的水泥用量，还可能使砂浆的收缩值增大，耐久性降低，影响砌体质量。

2. 现场检验砂的方法

用手随取砂一把搓揉，如感觉坚硬、颗粒粗糙有棱角刺手且无铲土粘手则为好砂。砂中如含有草根、树皮等杂物或粒径不符合要求，则需要用筛子筛分；常用筛孔尺寸由 4 mm、6 mm 和 8 mm 等几种。

（四）掺合料

为了提高砂浆的保水性，改善和易性常在砂浆中掺加掺合料。混合砂浆主要以掺和熟化 7 以上的石灰膏为主，也可以用黏土膏或熟化的精磨石灰粉、粉煤灰等。还可以掺入适量的有机塑化剂，掺量一般为水泥的用量的万分之 0.5 ~ 万分之 1/10 000。

生石灰熟化成石灰膏时，应用孔径不大于 3 mm×3 mm 的网过滤。熟化时间不得少于 7 d，磨细石灰粉的熟化时间不得小于 2 d。石灰膏不得有脱水硬化、冻结和污染的现象。

粉煤灰的品质指标应符合规范要求。

（五）水

拌制砂浆用水，水质应符合国家现行《混凝土拌合用水标准》的规定。使用饮用水搅拌砂浆时，可不对水质进行检验，否则应对水质进行检验。

（六）砂浆

砌筑砂浆填充砖之间的空隙，并将黏结成一整体形成砌体。在建筑工程中主要起到黏结、衬垫、传递应力的作用。

1. 砌筑砂浆一般采用水泥砂浆和混合砂浆

按组成材料不同分为：水泥砂浆、水泥混合砂浆、非水泥砂浆。

（1）水泥砂浆。

水泥砂浆的塑性和保水性交叉，但能够在潮湿环境中硬化，具有较高的强度和耐久性，一般多用于高强度和潮湿环境的砌体中。

（2）水泥混合砂浆。

在水泥砂浆中掺入一定量的外加剂而形成的具有一定强度和耐久性的砂浆，其和易性与保水性好，常用于地上砌体。

（3）非水泥砂浆。

其不含有水泥的砂浆，强度低耐久性差，可用于简易或临时建筑的砌体。

2. 砂浆性能指标

砌筑砂浆应通过计算和试配确定配合比。当砌筑砂浆的组成材料有变更时，其配合比应重新确定；砂浆必须满足设计要求的种类和强度等级；其稠度、分层度和试配抗压强度，也必须同时符合要求。砂浆的强度等级有 M15、M10、M7.5、M5 和 M2.5 五个等级。

水泥砂浆拌合物的密度不宜小于 1 900 kg/m³；水泥混合砂浆拌合物的密度不宜小于 1 800kg/m³；水泥砂浆中水泥用量不应小于 200 kg/m³，水泥混合砂浆中水泥和掺加料总量宜为 300~350 kg/m³。砌筑砂浆的分层度不得大于 30 mm。

3. 砂浆的制备

砂浆应采用机械搅拌，常用于砂浆制备的机械有混凝土搅拌机、砂浆搅拌机等，制备中应采取措施保证砂浆材料配合比计量准确。

为使物料充分拌合，保证砂浆拌合质量，对不同砂浆品种分别规定了搅拌时间的要求。自投料完算起，搅拌时间应符合下列规定。

（1）水泥砂浆和水泥混合砂浆不得少于 2 min。

（2）水泥粉煤灰砂浆和掺用外加剂的砂浆不得少于 3 min。

（3）掺用有机塑化剂的砂浆，应为 3~5 min。

4. 砂浆的使用

砂浆应随拌随用。水泥砂浆和水泥混合砂浆应分别在 3 h 和 4 h 内使用完毕；当施工期间最高气温超过 30 ℃时，应分别在拌成后 2 h 和 3 h 内使用完毕；对掺用缓凝剂的砂浆，其使用时间可根据具体情况延长。

5. 砂浆试块强度验收

砂浆强度以标准养护，龄期为 28 d 的试块抗压试验结果为准。

（1）检验方法。

在砂浆搅拌机出料口随机取样制作砂浆试块（同盘砂浆只应制作一组试块），在标准条件下养护 28 d 后送试验检测机构试压，最后检查试块强度试验报告单。

（2）抽查数量。

每一检验批次不超过 250 m³ 砌体的各种类型及强度等级的砌筑砂浆，每台搅拌机至少抽检一次。

（3）验收强度合格标准必须符合以下规定。

同一验收批次砂浆试块抗压强度平均值必须大于或等于设计强度等级所对应的立方体抗压强度；同一验收批次砂浆试块抗压强度的最小一组平均值必须大于或等于设计强度等级所对应的立方体抗压强度的 0.74 倍。

砌筑砂浆的验收批次，同一类型、强度等级的砂浆试块应不少于 3 组。当同一验收批次只有一组试块时，该组试块抗压强度的平均值必须大于或等于设计强度等级所对应的立方体抗压强度。为了对试块进行更好的养护，现场临时设施中应考虑适当的位置修建临时养护池或养护室。

砌体结构发展的主要趋向是要求砖及砌块材料具有轻质高强的性能，砂浆具有高强度，特别是高黏结强度，尤其是采用高强度空心砖或空心砌块砌体时。在墙体内适当配置纵向钢筋，对克服砌体结构的缺点，减小构件截面尺寸，减轻自重和加快建造速度，具有重要意义。

二、砌筑工程施工技术与质量控制措施

（一）建筑砌筑工程存在的主要质量问题

针对建筑房屋砌筑工程施工存在的普遍质量通病，2012 年起实施我国《砌体结构工程施工质量验收规范》（GB50203-2011），是砌筑工程施工主要质量要求规范。

砌筑工程质量通病的发生主要表现以下几个方面。

（1）砌筑材料质量不符合要求；

（2）设计单位不重视砌筑设计；

（3）材料优劣及质量控制意识不强；

（4）建设单位的行为不规范。

（二）砌筑工程施工前要做好的工作

1.施工前的技术准备工作

砌筑施工前，施工单位应组织技术管理人员会审砌筑工程图纸，掌握施工图中的细部构造及有关技术要求，并根据工程的实际情况编制砌筑工程的施工方案或技术措施。

2.施工程序的要求

施工中，施工单位应按施工工序、层次进行质量的自检、自查、自纠，

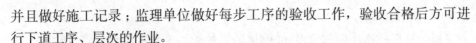

并且做好施工记录；监理单位做好每步工序的验收工作，验收合格后方可进行下道工序、层次的作业。

3. 对砌筑材料的质量要求

（1）砌块、钢筋网片等。

砌块在厂内的自然养护龄期或蒸汽养护期，及其后的停放期，总时间必须保证 28d，且不得采用有竖向裂缝、断裂以及外表明显受潮的小砌块进行砌筑；砌块表面的污物和用于芯柱小砌块的底部孔洞周围的混凝土毛边，应在砌筑前清理干净；砌入墙体内的各种建筑构配件、钢筋网片与拉结筋应事先预制加工，并按不同型号、规格进行堆放。

（2）筑砂浆强度等级应满足设计要求。

水泥：使用前，必须按照规范要求每≤ 200 吨为一验收批次做复试。如果出厂日期超过三个月时，应复查试验，并按试验结果使用。

砂：含泥量应≤ 5%（试验报告中必须反映），并不得含有草根等杂物。每≤ 400 m^3 或 600 吨为一验收批次，每一验收批次取一组做复试试验。

水：采用饮用水或不含有害物质的洁净水。

（3）砂浆配合比计算。

砂浆配合比的确定，依据我国《砌筑砂浆配合比设计规程》（CJGJ/T98-96），由试验室进行配合比试验。施工时，依据现场砂的实际含水率将试验室出具的配合比换成施工配合比。

（4）浆试块取样。

在搅拌机出料口随机取样、制作。一组试样应在同一盘砂浆中取样制作，同盘砂浆只制作一组试样。

砂浆的抽样频率应符合下列规定：

每一楼层验收批次且不超过 250 m^3 砌体的各种类型及强度等级的砌筑砂浆，每台搅拌机至少抽检一次（每组 6 个）试块。如砂浆强度等级或配合比变更时，必须重新制作试块。

（三）砌筑工程施工技术要求

1. 砌块排列

墙体砌块在砌体线范围内分块定尺、划线，排列砌块的方法和要求如下。

（1）砌块砌体在砌筑前。

根据工程设计施工图，结合砌块的品种、规格、绘制砌体砌块的排列图，经审核无误，按图排列砌块。

（2）砌块上、下皮应对孔。

搭砌长度不小于砌块长的 1/2，也不应小于 120 mm，如果搭错缝长度满足不了规定的搭接要求，应根据砌体构造设计规定采取在水平灰逢中设置 2 根直径 6 mm 的钢筋或直径 4 mm 钢筋网片，加筋长度不应小于 700 mm。

2. 砌筑施工要点

砌筑小砌块的砂浆应随铺随砌，墙体灰缝应横平竖直，砂浆饱满。水平灰缝宜采用坐浆法满铺小砌块全部壁肋；竖向灰缝应采取满铺端面法，即将小砌块端面朝上铺满砂浆在上墙挤紧，然后加浆插倒密实。

水平灰缝、竖向灰缝厚度一般为 10 mm，最小不小于 8 mm，最大不大于 12 mm。水平、竖向灰缝的砂浆饱满度，应按净面积计算均不得低于 90%；竖缝凹槽部位应用砌筑砂浆填实，不得出现瞎缝、假缝、透明缝，并在砌筑砂浆初凝后终凝前应将灰缝刮平。

墙体转角处和纵横墙交接处应同时砌筑。临时间断处应砌成斜槎，斜槎水平投影长度不应小于斜槎高度；严禁留直槎。

每天砌筑高度 ≤ 1.5 m。隔墙顶接触梁板底的部位应采用实心小砌块斜砌楔紧；房屋顶层的内隔墙应离该处屋面板板底 15 mm，缝内采用 1∶3 石灰砂浆或弹性腻子嵌塞。

固定圈梁等构件侧模的水平拉杆、扁铁或螺栓应从小砌块灰缝中预留 4 个 φ10 孔穿入，不得在小砌块块体上打凿安装洞。内墙可利用侧砌的小砌块孔洞进行支模，模板拆除后应采用 C20 混凝土将孔洞填实。砌体墙表面不得预留或打凿水平沟槽，对设计规定的洞口、管道、沟槽和预埋件，应在砌筑墙体时预留和预埋。

门窗洞口两侧的小砌块孔洞灌填 C20 混凝土后，其门窗与墙体的连接方法可按实心混凝土墙体施工。

卫生间等有防水要求的房间，四周墙下部应灌实一皮砌块，或设置高度为 200 mm 的现浇混凝土带；处于潮湿环境的小砌块墙体，墙面应采用水泥砂浆粉刷等有效地防潮措施。

3. 构造柱

（1）构造柱设置总原则。

①隔墙处在悬挑构件端部的墙端；②填充墙转弯拐角处；③纵横墙体相交处；④长度大于 5 米的隔墙中部且其构造柱间距应满足不大于 5 米 5 的构造柱，应与高度大于 4 米的隔墙中部或其门窗洞口顶部，设拉结圈梁连接成整体。

（2）施工顺序。

绑扎钢筋砌筑墙体支设模板浇筑混凝土。

（3）构造柱施工要点。

为满足稳定条件，砌体与框架柱、砌体与构造柱、砌体与混凝土墙、砌体与砌体、砌体内外叶墙之间须设拉结钢筋。

①已在楼板上预埋钢筋的构造柱，可直接进行搭接连接；未预埋钢筋的构造柱通过膨胀螺栓将钢板与楼板紧密连接，构造柱钢筋与钢板焊接。②砌筑填充墙时，在构造柱处预留马牙槎。从每层构造柱脚开始，先退后进，形成 100 mm 宽、200 mm 高的凹凸槎口，以保证构造柱脚为大断面；马牙槎上口可采用一皮进 100 mm 的方法，以保证浇筑混凝土后，上角密实。马牙槎内的灰缝砂浆必须密实饱满，其水平灰缝砂浆饱满度不低于 90%。③砌筑墙体沿墙高每 500 mm 设 2 个 φ6 拉结筋，伸入墙内不小于 600 mm。④构造柱上部顶板预留埋件，没有预留埋件的采用膨胀螺栓加钢板固定，其上焊接钢筋。⑤构造柱混凝土保护层宜为 20 mm 且不应小于 15 mm；混凝土坍落度为 50~70 mm；构造柱两侧模板必须紧贴墙面，支撑必须牢靠，严禁板缝漏浆。⑥浇筑构造柱混凝土前，应清除落地灰等杂物并将模板浇水湿润，然后先注入与混凝土配比相同的 50 mm 厚水泥砂浆，再分段浇筑、振捣混凝土，直至完成；凹槽槎口的腋部必须振捣密实。

（4）门窗洞口抱框。

①门窗洞口处砌块用 C20 混凝土灌实，一皮一灌，并将混凝土捣实。②拉接钢筋为 2 φ6，沿墙全长布置，竖向间距为 400 mm。

保证砌筑工程质量，设计是前提，材料是基础，施工是关键，维修管理是保证。只要我们不断提高质量观念意识，积极探索科学的施工技术要求，有效地控制措施，定能打造出高标准、高质量的工程，使我们的工程经受住时间的考验，延长使用寿命。

第四节 混凝土结构工程

一、模板工程

（一）模板的分类

1. 按其所用材料的不同分类

模板按其所用材料的不同，可分为木模板、钢模板、塑料模板、钢木板、钢竹模板、胶合板模板、铝合金模板等。

（1）木模板。

当混凝土工程开始出现时，都是使用木材来做模板。木材先被加工成木板或木方，而后被组合成构件所需的模板。

（2）钢模板。

国内使用的钢模板大致可分为两类。

一类为小块钢模板，是以一定尺寸模数做成不同大小的单块钢模板，最大尺寸是 300 mm×1 500 mm×50 mm，在施工时拼装成构件所需的尺寸，也称为小块组合钢模板，组合拼装时采用 U 形卡将板缝卡紧形成一体；

另一类为大模板，用于墙体的支模，多用在剪力墙结构中，模板的大小按设计的墙身大小而定型制作。

（3）塑料模板。

塑料模板是随着钢筋混凝土预应力现浇密肋楼盖的出现而创制的。其形状如一个方形的大盆，支模时倒扣在支架上，底面朝上，也称为塑壳定型模板。在壳模四侧形成十字交叉的楼盖肋梁。这种模板的优点是拆模块时容易周转；其缺点是仅能用在钢筋混凝土结构的楼盖施工中。

（4）其他模板。

自 20 世纪 80 年代中期以来，现浇结构模板趋向多样化，发展更为迅速。模板的形式主要有玻璃钢模板、压型钢模板、钢木（竹）组合模板、装饰混凝土模板以及复合材料模板等。

2.按施工工艺条件的不同分类

模板按施工工艺条件的不同，可分为现浇混凝土模板、预组装模板、大模板、跃升模板、水平滑动的隧道工模板和垂直滑动的模板等。

（1）现浇混凝土模板。

根据混凝土结构形状的不同就地形成的模板，多用于基础、梁、板等现浇混凝土工程。模板支承体系多通过支于地面或基坑侧壁，以及对拉的螺栓承受混凝土的竖向和侧向压力。这种模板适应性强，但周转较慢。

（2）预组装模板。

预组装模板由定型模板分段预组装成较大面积的模板及其支承体系，用起重设备吊运到混凝土浇筑位置，多用于大体积混凝土工程。

（3）大模板。

大模板由固定单元形成的固定标准系列的模板，多用于高层建筑的墙板体系。

（4）跃升模板。

跃升模板由两段以上固定形状的模板，通过埋设于混凝土中的固定件，形成模板支撑条件承受混凝土施工荷载。当混凝土达到一定强度时,拆模上翻,形成新的模板体系,多用于变直径的双曲线冷却塔、水工结构以及设有滑升设备的高耸混凝土结构工程。

(5)水平滑动的隧道工模板。

它是由短段标准模板组成的整体模板,通过滑道或轨道支于地面、沿结构纵向平行移动的模板体系,多用于地下直行结构,如隧道、地沟、封闭顶面的混凝土结构。

(6)垂直滑动的模板。

它是由小段固定形状的模板与提升设备以及操作平台组成的可沿混凝土成型方向平行移动的模板体系。其适用于高耸的框架、烟囱、圆形料仓等钢筋混凝土结构。根据提升设备的不同,垂直滑动的模板又可分为液压滑模、螺旋丝杠滑模和拉力滑模等。

3.按其结构类型的不同分类

模板按其结构类型的不同,可分为基础模板、柱模板、楼板模板、墙模板、壳模板和烟囱模板等。

4.按其形式的不同分类

模板按其形式的不同,可分为整体式模板、定型模板、工具式模板、滑升模板、胎模等。

(二)模板的安装与拆除

1.模板的安装

(1)木模板。

木模板的特点是加工方便,能适应各种变化形状模板的需要,但其周转率低,耗木材多。如果节约木材,减少现场工作,木模板一般预先加工成拼板,然后在现场进行拼装。拼板由板条拼钉而成,板条厚度一般为 25~30 mm,其宽度不宜超过 700 mm(工具式模板不超过 150 mm),拼条间距一般为 400~500 mm,具体视混凝土的侧压力和板条厚度而定。

(2)基础模板。

基础模板的特点是高度不高而体积较大,基础模板一般利用地基或基槽(坑)进行支撑。

安装时,要保证上、下模板不发生相对位移,如为杯形基础,则还要在其中放入杯口模板。

当土质良好时,基础的最下一阶可不用模板,而进行原槽灌注。模板应支撑牢固,要保证上、下模板不发生位移。

（3）柱模板。

柱子的特点是断面尺寸不大但比较高。柱模板由内拼板夹在两块外拼板之内组成，为利用短料，可利用短横板（门子板）代替外拼板钉在内拼板上。

（4）梁模板。

由于梁的跨度较大而宽度不大，梁底一般是架空的，混凝土对梁侧模板有水平侧压力，对梁底模板有垂直压力，因此，梁模板及其支架必须能承受这些荷载而不致发生超过允许的过大变形。

（5）楼板模板。

楼板的面积大而厚度比较薄，侧压力小。楼板模板及其支架系统主要承受钢筋混凝土的自重与其施工荷载，保证模板不变形。楼板模板的底模用木板条或用定型模板或用胶合板拼成，铺设在楞木上。楞木搁置在梁模板外侧托木上，若楞木面不平，可以加木楔调平。当楞木的跨度较大时，中间应加设立柱。立柱上钉同长的杠木。底模板应垂直于楞木方向铺钉，并适当调整楞木间距来适应定型模板的规格。

（6）楼梯模板。

楼梯模板的构造与楼板相似，不同点是楼梯模板要倾斜支设，且要能形成踏步。踏步模板可分为底板及梯步两部分。平台、平台梁的模板同前。

（7）定型组合钢模板。

定型组合钢模板是一种工具式定型模板，由钢模板和配件组成，配件包括连接件和支承件。钢模板通过各种连接件和支承件可组合成多种尺寸、结构和几何形状的模板，以适应各种类型建筑物的梁、柱、板、墙、基础和设备等施工的需要，也可用其拼装成大模板、滑模、隧道模和台模等。

施工时可在现场直接组装，也可预拼装成大块模板或构件模板用起重机吊运安装。定型组合钢模板组装灵活，通用性强，装拆方便；每套钢模可重复使用 50 ~ 100 次；加工精度高，浇筑混凝土的质量好，成型后的混凝土尺寸准确，棱角整齐，表面光滑，可以节省装修用工。

2. 模板拆除

模板拆除取决于混凝土的强度、模板的用途、结构的性质、混凝土硬化时的温度以及养护条件等因素。及时拆模可以提高模板的周转率；拆模过早会因混凝土的强度不足，在自重或外力作用下产生变形甚至裂缝，造成质量事故。因此，合理地拆除模板对提高施工的技术、经济效果至关重要。

二、钢筋工程

（一）钢筋的分类

钢筋混凝土结构中常用的钢材有钢筋和钢丝两类。钢筋分为热轧钢筋和余热处理钢筋。

1. 热轧钢筋

热轧钢筋分为热轧带肋钢筋和热轧光圆钢筋。热轧带肋钢筋的牌号由 HRB 和牌号的屈服点最小值构成，分为 HRB335、HRB400、HRB500 三个牌号；热轧光圆钢筋的牌号为 HPB300。

2. 余热处理钢筋

余热处理钢筋的牌号为 RRB400。钢筋按直径大小分为：钢丝（直径 3~5 mm）、细钢筋（直径 6~10 mm）、中粗钢筋（直径 12~20 mm）和粗钢筋（直径大于 20 mm）。钢丝有冷拔钢丝、碳素钢丝和刻痕钢丝。

直径大于 12 mm 的粗钢筋一般轧成 6~12 m 一根；钢丝及直径为 6~12 mm 的细钢筋一般卷成圆盘。此外，根据结构的要求还可采用其他钢筋，如冷轧带肋钢筋、冷轧扭钢筋、热处理钢筋及精轧螺纹钢筋等。

（二）钢筋的机械连接

钢筋的机械连接是指通过连接件的机械咬合作用或钢筋端面的承压作用，将一根钢筋中的力传递至另一根钢筋的连接方法。其优点有施工简便、工艺性能良好、接头质量可靠、不受钢筋焊接性的制约、可全天施工、节约钢材和能源等。常用的机械连接有套筒挤压连接、锥螺纹套筒连接等。

1. 钢筋套筒挤压连接

钢筋套筒挤压连接是将需要连接的带肋钢筋插于特制的钢套筒内，利用挤压机压缩套筒，使之产生塑性变形，靠变形后的钢套筒与带肋钢筋之间的紧密咬合来实现钢筋的连接。适用于直径为 16~40 mm 的热轧 HRB335 级、HRB400 级带肋钢筋的连接。钢筋套筒挤压连接有钢筋套筒径向挤压连接和钢筋套筒轴向挤压连接两种形式。

2. 钢筋锥螺纹套筒连接

钢筋锥螺纹套筒连接是利用锥形螺纹能承受较大的轴向力和水平力以及密封性能较好的原理，依靠机械力将钢筋连接在一起。操作时，先用专用套丝机将钢筋的待连接端加工成锥形外螺纹；然后，通过带锥形内螺纹的钢套筒将两根待接钢筋连接；最后，利用力矩扳手按规定的力矩值使钢筋和连接钢套筒拧紧在一起。

（三）钢筋的加工与安装

1.钢筋加工

（1）钢筋除锈。

钢筋的表面应洁净，油渍、浮皮铁锈等应在使用前清除干净。钢筋的除锈一般可通过以下两个途径：一是在钢筋冷拉或调直过程中除锈；二是用机械方法除锈。对钢筋的局部除锈可采用手工方法。在除锈过程中如发现钢筋表面的氧化铁浮皮鳞落现象严重并已损伤钢筋截面，或在除锈后钢筋表面有严重的麻坑、斑点伤蚀截面时，应降级使用或剔除不用。

（2）钢筋调直。

钢筋宜采用无延伸功能的机械设备进行调直，也可采用冷拉方法调直。当采用冷拉方法调直时，HPB300 级光圆钢筋的冷拉率不宜大于 4%；HRB335、HRB400、HRB500、HRBF335、HRBF400、HRBF500 以及 RRB400 级有带肋钢筋的冷拉率不宜大于 1%。钢筋调直后应进行力学性能和重量偏差的检验，其强度应符合有关标准的规定。

（3）钢筋切断。

钢筋下料时必须按下料长度切断。钢筋切断可采用钢筋切断机或手动切断器，后者一般只用于切断直径小于 12 mm 的钢筋，前者可切断直径小于 40 mm 的钢筋；大于 40 mm 的钢筋常用氧乙炔焰或电弧割切。钢筋切断机有电动和液压两种，其切断刀片以圆弧形刀刃为好，它能确保钢筋断面垂直于轴线，无马蹄形或翘曲，便于钢筋进行机械连接或焊接。

钢筋的长度应力求准确，其允许偏差在 10 mm 以内。在切断过程中，如发现钢筋有劈裂、缩头或严重的弯头等现象必须切除，如发现钢筋的硬度与该钢种有较大的出入，应及时向有关人员反映，并查明情况。

（4）钢筋弯曲成型。

钢筋下料后，应按弯曲设备特点、钢筋直径及弯曲角度画线，以使钢筋弯曲成为设计所要求的尺寸。如弯曲钢筋两边对称，画线工作宜从钢筋中线开始向两边进行；当弯曲形状比较复杂时，可先放出实样，再进行弯曲。钢筋弯曲宜采用弯曲机和弯箍机。弯曲机可弯直径 40 mm 以下的钢筋，对于小于 25 mm 的钢筋，当无弯曲机时，可采用扳钩弯曲。钢筋弯曲成型后，形状、尺寸必须符合设计要求，平面上应没有翘曲不平现象；钢筋弯曲点处不得有裂缝。

2.钢筋安装

钢筋经配料、加工后方可进行安装。钢筋应在车间预制好后直接运到现场安装，但对于多数现浇结构，因条件不具备，不得不在现场直接成型安装。

钢筋安装前，应先熟悉施工图，认真核对配料单，研究与相关工种的配合，确定施工方法。安装时，必须检查受力钢筋的品种、级别、规格和数量是否符合设计要求；钢筋安装完毕后，还应就下列内容进行检查并做好隐蔽工程记录，以便查证。

（1）根据设计图检查钢筋的牌号、直径、根数、间距是否正确，特别要注意检查负筋的位置。

（2）检查钢筋接头的位置及搭接长度是否符合规定。

（3）检查混凝土保护层是否符合要求。

（4）检查钢筋绑扎是否牢固，有无松动变形现象。

（5）钢筋表面不允许有油渍、漆污和片状老锈现象。

三、混凝土工程

（一）混凝土配制强度的确定

结构工程中所用的混凝土是以胶凝材料、粗细集料、水，按照一定配合比拌和而成的混合材料。根据需要，还要向混凝土中掺加外加剂和外掺合料以改善混凝土的某些性能。因此，混凝土的原材料除胶凝材料、粗细集料和水外，还有外加剂、外掺合料（常用的有粉煤灰、硅粉、磨细矿渣等）。

在配制混凝土时，除应保证结构设计对混凝土强度等级的要求外，还应保证施工对混凝土和易性的要求，并应遵循合理使用材料、节约胶凝材料的原则，必要时还应满足抗冻性、抗渗性等的技术要求。

（二）混凝土的施工配料

1.混凝土施工配合比

混凝土的配合比是在试验室根据混凝土的配制强度经过试配和调整而确定的，称为试验室配合比。试验室配合比所用的粗、细集料都是不含水分的，而施工现场的粗、细集料都有一定的含水率，且含水率随温度等条件不断变化。为保证混凝土的质量，施工中应按粗、细集料的实际含水率对原配合比进行调整。混凝土施工配合比是指根据施工现场集料含水的情况，对以干燥集料为基准的"设计配合比"进行修正后得出的配合比。

2.材料称量

施工配合比确定以后，就需对材料进行称量，称量是否准确将直接影响混凝土的强度。为严格控制混凝土的配合比，搅拌混凝土时，应根据计算出的各组成材料的一次投料量，采用重量准确投料。其重量偏差不得超过以下规定：

（1）胶凝材料、外掺混合材料为 ±2%；

（2）粗、细集料为 ±3%；

（3）水、外加剂溶液为 ±2%。

各种衡量器应定期校验，以便保持准确。集料含水量应经常测定，雨天施工时，应增加测定次数。

（三）混凝土的搅拌

混凝土搅拌就是将水、胶凝材料和粗细集料进行均匀拌和及混合的过程。通过搅拌，使材料达到塑化、强化的作用。

1. 搅拌方法

混凝土搅拌方法有人工搅拌和机械搅拌两种。

（1）人工搅拌。

人工搅拌一般采用"三干三湿"法，即先将水泥加入砂中干拌两遍，再加入石子翻拌一遍，搅拌均匀后，边缓慢加水，边反复湿拌三遍，以达到石子与水泥浆无分离现象为准。同等条件下，人工搅拌要比机械搅拌多耗10%~15% 的水泥，且拌和质量差，故只有在混凝土用量不大，而又缺乏机械设备时才会采用。

（2）机械搅拌。

目前普遍使用的搅拌机根据其搅拌机理，可分为自落式搅拌机和强制式搅拌机两大类。

2. 搅拌机的选择

（1）自落式搅拌机。

这种搅拌机的搅拌鼓筒是垂直放置的。随着鼓筒的转动，叶片不断将混凝土拌合物提高，然后利用物料的自重自由下落，达到均匀拌和的目的。自落式搅拌机多用于搅拌塑性混凝土和低流动性混凝土。筒体和叶片磨损较小，易于清理，但动力消耗大、效率低。搅拌时间一般为 90~120 s，目前逐渐被强制式搅拌机所取代。

（2）强制式搅拌机。

强制式搅拌机的鼓筒是水平放置的，其本身不转动。筒内有两组叶片，搅拌时叶片绕竖轴旋转，将材料强行搅拌，直至搅拌均匀。这种搅拌机的搅拌作用强烈，适宜于搅拌各种混凝土，具有搅拌质量好、速度快、生产效率高、操作简便及安全等优点。

3. 搅拌制度的确定

为了获得均匀优质的混凝土拌合物，除合理选择搅拌机的型号外，还必须正确地确定搅拌制度，包括搅拌机的转速、搅拌时间、装料容积及投料顺序等。

（四）混凝土的浇筑

1. 混凝土浇筑前的准备工作

混凝土浇筑前，应对模板、钢筋、支架和预埋件进行检查。检查模板的位置、标高尺寸、强度和刚度是否符合要求，接缝是否严密，预埋件位置和数量是否符合图纸要求。

检查钢筋的规格、数量、位置、接头和保护层厚度是否正确；清理模板上的垃圾和钢筋上的油污，并浇水湿润木模板；最后填写隐蔽工程记录。

2. 混凝土的浇筑

混凝土浇筑的一般规定。混凝土浇筑前不应发生离析或初凝现象，如已发生，须重新搅拌。

3. 施工缝的留设与处理

如果由于技术或施工组织上的原因，不能对混凝土结构一次连续浇筑完毕，而必须停歇较长的时间，其停歇时间已超过混凝土的初凝时间，致使混凝土已初凝；当继续浇混凝土时，形成了接缝，即为施工缝。

4. 混凝土的浇筑方法

（1）多层钢筋混凝土框架结构的浇筑。

浇筑框架结构首先要划分施工层和施工段，施工层一般按结构层划分，而每一施工层中施工段的划分，则要考虑工序数量、技术要求、结构特点等。混凝土的浇筑顺序：先浇捣柱子，在柱子浇筑完毕后，停歇 1~1.5 h，使混凝土达到一定强度后，再浇筑梁和板。

（2）大体积钢筋混凝土结构的浇筑。

大体积钢筋混凝土结构多为工业建筑中的设备基础以及高层建筑中厚大的桩基承台或基础底板等。其特点是，混凝土浇筑面和浇筑量大，整体性要求高，不能留施工缝，以及浇筑后水泥的水化热量大且聚集在构件内部，形成较大的内外温差，易造成混凝土表面产生收缩裂缝等。

四、钢筋混凝土预制构件

（一）钢筋混凝土预制构件的基本知识

发展预制构件是建筑工业化的重要措施之一。预制构件包括尺寸和重量大的构件的施工现场就地制作，定型化的中小型构件预制厂（场）制作。

1. 施工现场就地制作构件

可用土胎膜或砖胎膜，屋架、柱子、桩等大型构件可平卧叠浇，即利用已预制好的构件作底板，沿构件两侧安装模板再浇制上层构件。上层构件的模板安装和混凝土浇筑，需待下层构件的混凝土强度达到 5 MPa 后方可进行。在构件之间应涂抹隔离剂以防混凝土黏结。

2. 现场制作空心构件（空心柱等）

为形成孔洞，除用木内模外，还可用胶囊充以压缩空气做内模，待混凝土初凝后，将胶囊放气抽出，便形成圆形和椭圆形等孔洞。胶囊是用纺织品（锦纶布、帆布）和橡胶加工成胶布，再用氯丁粘胶冷粘而成。

胶囊内的气压根据气温、胶囊尺寸和施工外力而定，以保证几何尺寸的准确。制作空心柱用的 Φ250 mm 胶囊，充气压力为 0.05~0.07 MPa。

（二）构件制作的工艺方案

1. 台座法

台座是表面光滑平整的混凝土地坪、胎膜或混凝土槽。构件的成型、养护、脱模等生产过程都在台座上同一地点进行。构件在整个生产过程中固定在一个地方，而操作工人和生产机具则按顺序地从一个构件移至另一个构件，来完成各项生产过程。

用台座法生产构件具有设备简单和投资少的优点。但占地面积大，机械化程度较低，生产受气候影响。设法缩短台座的生产周期是提高生产效率的重要手段。

2. 机组流水法

首先将整个车间根据生产工艺的要求划分为几个工段，每个工段皆配备相应的工人和机具设备，构件的成型、养护、脱模等生产过程分别在有关的工段循序完成。

生产时，构件随同模板沿着工艺流水线，借助于起重运输设备，从一个工段移至下一个工段，分别完成各个有关的生产过程，而操作工人的工作地点是固定的。

构件随同模板在各工段停留的时间长短皆不同，此法生产效率比较高，机械化程度较高，占地面积小；但建厂投资较大，生产过程中运输繁多，宜于生产定型的中小型构件。

3. 传送带流水法

用此法生产，模板在一条呈封闭环形的传送带上移动，生产工艺中的各个生产过程（如清理模板、涂刷隔离剂、排放钢筋、预应力筋张拉、浇筑混凝土等）都是在沿着传送带循序分布的各个工作区中进行。

生产时，模板沿着传送带有节奏地从一个工作区移至下一个工作区，而各工作区要求在相同的时间内完成各自有关的生产过程，以此保证有节奏地连续生产。

此法是目前最先进的工艺方案，生产效率高，机械化、自动化程度高，但设备复杂，投资大，宜于大型预制厂大批量生产定型构件。

五、混凝土结构工程施工的安全技术

（一）模板施工的安全技术

1. 进入施工现场的人员

必须戴好安全帽，高空作业人员必须佩戴并系牢安全带。

2. 限制性规定

经医生检查认为不适宜高空作业的人员，不得进行高空作业。

3. 工作前

应先检查使用的工具是否牢固，扳手等工具必须用绳链系挂在身上，以免掉落伤人。工作时要思想集中，防止钉子扎脚和空中滑落。

4. 禁止规定

安装与拆除 5 m 以上的模板，应搭脚手架，并设防护栏；防止上下在同一垂直面操作。

高空、复杂结构模板的安装与拆除，事先应有切实的安全措施。

5. 遇六级以上大风时

应暂停室外的高空作业；雪霜雨后应先清扫施工现场，略干后不滑时再进行工作。

6. 两人抬运模板时

要互相配合、协同工作。传递模板、工具时，应用运输工具或绳子系牢后升降，不得乱扔。装拆时，上下应有接应，钢模板及配件应随装随拆运送，严禁从高处掷下。

7. 高空拆模时

应有专人指挥，并在下面标出工作区，用绳子和红白旗加以围栏，禁止人员过往。

不得在脚手架上堆放大批模板等材料。

8. 支撑、牵杠等

不得搭在门框架和脚手架上。通路中间的斜撑、拉杠等就设在 1.8m 高以上。

9. 支模过程中

如需中途停歇，就将支撑、搭头、柱头板等钉牢。拆模间歇应将已活动的模板、牵杠等运走或妥善堆放，防止因扶空、踏空而坠落。

10. 模板上有预留洞者

应在安装后将洞口盖好；混凝土板上的预留洞，应在模板拆除后随即将洞口盖好。

11. 拆除模板一般用长撬棍

人不许站在正在拆除的模板上；在拆除楼板模板时，要注意防止整块模板掉下，尤其是用定型模板做平台模板时更要注意，拆模人员要站在门窗洞口外拉支撑，防止模板突然全部掉落伤人。

12. 在组合钢模板上

架设的电线和使用电动工具，应用 36 V 低压电源或采取其他有效措施。

（二）钢筋加工的安全技术

1. 夹具、台座、机械的安全要求

（1）机械的安装必须坚实稳固，保持水平位置。

固定式机械应有可靠的基础，移动式机械作业时应楔紧行走轮。

（2）外作业应设置机棚，机旁应有堆放原料及半成品的场地。

（3）使用较长的钢筋时，应有专人帮扶，并听从操作人员指挥，不得随意推拉。

（4）作业后，应堆放好成品、清理场地、切断电源、锁好电闸。

钢筋进行冷拉、冷拔及预应力筋加工，应严格地遵守有关规定。

2. 焊接必须遵循的规定

（1）焊机必须接地，以保证操作人员的安全；对于焊接导线及焊钳接导处，都应可靠的绝缘。

（2）大量焊接时，焊接变压器不得超负荷，变压器升温不得超过 60 ℃。

（3）点焊、对焊时，必须开放冷却水，焊机出水温度不得超过 40 ℃，排水量应符合要求；天冷时应放尽焊机内存水，以免冻塞。

（4）对焊机闪光区域，须设铁皮隔挡。

焊接时禁止其他人员停留在闪光区范围内，以防被焊接时产生的火花烫伤。焊机工作范围内严禁堆放易燃物品，以免引起火灾。

（5）室内电弧焊时，应有排气装置。

焊工操作地点相互之间应设挡板，以防弧光刺伤眼睛。

（三）混凝土施工的安全技术

1.垂直运输设备的规定

（1）垂直运输设备，应有完善可靠的安全保护装置（如吊起重量及提升高度的限制、制动、防滑、信号等装置及紧急开关等），严禁使用安全保护装置不完善的垂直运输设备。

（2）垂直运输设备安装完毕后，应按出厂说明书的要求进行无负荷、静负荷、动负荷试验及安全保护装置中的可靠性试验。

（3）对垂直运输设备应建立定期检修和保养责任制。

（4）操作垂直运输设备的司机，必须通过专业培训，考核合格后持证上岗，严禁无证人员操作垂直运输设备。

2.混凝土机械

（1）混凝土搅拌机的安全规定。

①进料时，严禁将头或手伸入料斗与机架之间察看或探摸进料情况，运转中不得用手或工具等物体伸入搅拌筒内扒料、出料。②料斗升起时，严禁在其下方工作或穿行。料坑底部要设料枕垫，清理料坑时必须将料斗用链条扣牢。③向搅拌筒内加料应在运转中进行，添加新料必须先将搅拌机内原有的混凝土全部卸出来才能进行。不得中途停机或在满载荷时启动搅拌机，反转出料者除外。④作业中，如发生故障不能继续运转时，应立即切断电源、将筒内的混凝土清除干净，然后进行检修。

（2）混凝土喷射机作业安全注意事项。

①机械操作和喷射操作人员应密切联系，如有送风、加料、停机以及发生堵塞等情况时，应相互协调配合。②在喷嘴的前方或左右 5 m 范围内不得站人，工作停歇时，喷嘴不准对向有人的方向。③作业中，如暂停时间超过 1 h，则必须将仓内及输料管内的干混合料（不加水）全部喷出。④如输料软管发生堵塞时，可用木棍轻轻敲打外壁，如敲打无效，可将胶管拆卸用压缩空气吹通。⑤转移作业面时，供风、供水系统也随之移动，输料管不得随地拖拉和折弯。⑥作业后，必须将仓内和输料软管内的干混合料（不加水）全部喷出，再将喷嘴拆下清洗干净，并清除喷射机黏附的混凝土。

（3）混凝土输送设备作业的安全要求。

①支腿应全部伸出并支固，未支固前不得启动布料杆。布料杆升离支架后方可回转。布料杆伸出时应按顺序进行，严禁用布料杆起吊或拖拉物件。②当布料杆处于全伸状态时，严禁移动车身。作业中需要移动时，应将上段布料杆折叠固定，移动速度不超过 10 km/h。布料杆不得使用超过规定直径的配管，装接的软管应系防脱安全绳带。③应随时监视各种仪表和指示灯，发

现不正常应及时调整或处理。如出现输送管道堵塞时，应进行逆向运转使混凝土返回料斗，必要时拆管排除堵塞。④泵送工作应连续作业，必须暂停时应每隔5~10 min（冬期3~5 min）泵送一次。若停止较长时间后泵送时，应逆向运转一至两个行程，然后顺向泵送。输送时，料斗内应保持一定量的混凝土，不得吸空。⑤应保持储满清水，发现水质混浊并有较多砂粒时应及时检查处理。⑥泵送系统受压力时，不得开启任何输送管道和液压管道。液压系统的安全阀不得任意调整，蓄能器只能充入氮气。

（4）混凝土振捣器的使用规定。

①使用前应检查各部件是否连接牢固，旋转方向是否正确。②振捣器不得放在初凝的混凝土、地板、脚手架、道路和干硬的地面上进行试振。维修或作业间断时，应切断电源。③插入式振捣器软轴的弯曲半径不得小于50 cm，并不多于两个弯。操作时，振动棒应自然垂直地沉入混凝土中，不得用力硬插、斜推或使钢筋夹住棒头，也不得全部插入混凝土中。④振捣器应保持清洁，不得有混凝土黏结在电动机外壳上妨碍散热。⑤作业转移时，电动机的导线应保持有足够的长度和松度。严禁用电源线拖拉振捣器。⑥用绳拉平板振捣器时，绳应干燥绝缘，移动或转向时不得用脚踢电动机。⑦振捣器与平板应保持紧固，电源线必须固定在平板上，电器开关应装在手把上。⑧在一个构件上同时使用几台附着式振捣器工作台时，所有振捣器的频率必须相同。⑨操作人员必须穿戴绝缘手套。⑩作业后，必须做好清洗、保养工作。振捣器要放在干燥处。

第五节 预应力混凝土工程

一、预应力工程发展综述

（一）概要

我国预应力混凝土是随着第一个五年计划的实施于20世纪50年代中期开始发展起来的，其发展可划分为如下四个主要时期。

1. 1956~1964 年

推广应用预应力混凝土的主要目标是节约钢材，即以预应力混凝土结构构件代替钢结构构件，以预应力钢弦混凝土轨枕代替方木轨枕等。

2. 1965~1977 年

全国城乡大力推广低碳冷拔钢丝和中小预应力混凝土结构及构件，开始研制高强预应力钢材和预应力张拉设备。

3. 1978～1997年

我国进入了预应力工程技术全面高速发展时期。这个时期广泛采用高强钢材和高强度等级混凝土；大跨度、大空间预应力混凝土结构和多、高层预应力混凝土建筑，以及特种预应力混凝土工程大量建成；预应力混凝土结构在建筑工程中得到了广泛应用，如北京饭店贵宾楼、广东国际大厦、北京首都国际机场停车楼、北京东方广场等大型、高层与超长结构工程；中央电视塔、天津电视塔以及上海东方明珠电视塔塔身均采用了竖向超长有黏结预应力技术。

4. 1998年至今

预应力工程技术进入稳定发展新时期。近20年来，大型、标志性工程广泛采用预应力技术；复杂、超长预应力混凝土结构工程大量建成；预应力钢结构取得了突破性进展，得到了长足发展。预应力混凝土结构及预应力钢结构在北京2008年奥运工程、2010年上海世界博览会、2010年广州亚运会等大量体育场馆和重要工程中得到广泛应用。

公路与铁路桥梁一直是预应力混凝土结构应用最多、最为广泛的工程领域。20世纪70年代铁路桥梁大量采用标准化的后张法预应力混凝土预制梁，跨度由24 m扩展到40 m，到1981年年底，已建成这种铁路桥15 000孔以上。30多年来，随着我国高速公路和铁路客运专线建设的大规模开展，预应力混凝土结构与配套产品呈现高速发展趋势。桥梁工程建造技术已跻身于国际先进行列，如苏通长江大桥、香港昂船洲大桥、东海大桥和杭州湾大桥等分别创造出许多具有世界先进水平的施工技术与工程纪录。京沪高速铁路等大批铁路桥梁普遍采用预应力混凝土结构。

（二）预应力钢材

为满足我国第一个五年计划的需要，成功试制了预应力钢丝，但抗拉强度仅为1 000～1 200 MPa。为满足南京长江大桥引桥预应力结构设计需要，1963年试制成抗拉强度为1 570～1 760 MPa的预应力钢丝。1984年，我国引进意大利生产设备，生产出了低松弛预应力钢丝和镀锌预应力钢丝。1988年，引进意大利低松弛预应力钢绞线生产设备、检测设备，建成我国第一条高强度、低松弛预应力钢绞线生产线。1998年的预应力钢绞线产量约24万t，到2009年使用量约380万t，2016年全年钢绞线实际产量约450万t。近年来，随着国家产业结构调整，已有长期稳定钢绞线厂家约42家，钢绞线生产线约200条，年设计产能达600万t。我国预应力钢绞线生产制造规模已达到世界第一，成为全球最大的预应力钢绞线消费市场。

（三）预应力产品体系

1. 预应力锚固体系

主要包括夹具、锚具、连接器、配套的传力与锚下构造等，锚固体系的发展与预应力使用钢材产品品种的不断发展密切相关，即新的预应力使用钢材产品规模化生产带动新的锚固体系不断出现。早期预应力使用钢材主要有钢筋和钢丝，因此锚夹具有用于钢筋的镦粗夹具、螺丝端杆锚具、帮条锚具等；用于钢丝的圆锥形夹具、楔形夹具、波形夹具、锥塞式锚具、楔块锚具和钢管混凝土螺杆锚具等。

2. 预应力张拉锚固体系

1984 年，原建设部将钢绞线预应力张拉锚固体系的研究列入科学技术开发计划。经过几年的研制试用，于 1987 年前后推出了 XM 与 QM 2 种预应力体系。随后 YM，B&S，OVM 体系等相继研制开发成功，我国的预应力张拉锚固技术得到了迅速发展，产品不断完善，达到国际先进水平。国内著名体系包括OVM，QM，LQM，B&S 等。2006 年以来，国内每年使用锚具约 6 000 万标准锚固单元，近几年锚具年产量已达 1 亿孔以上，数量达到世界第一。

（四）技术标准与知识体系

伴随着我国经济的高速发展，预应力技术得到了前所未有的大发展，预应力混凝土结构应用出现在超高层、超大跨、超大体积、超长和大面积、超重荷载等工程中，创造出许多具有国际先进水平的工程纪录。建筑工程、桥梁工程和特种结构工程的大量建设促进和推动了现代高效预应力体系和产品的发展与成熟，适应现代预应力结构发展的设计理论研究和设计规范标准也有较快发展。

1980 年中国土木工程学会成立了混凝土与预应力混凝土分会，并于同年召开第 1 届预应力混凝土学术会议。1983 年年底编成《部分预应力混凝土结构设计建议》，该建议于 1985 年出版，在国内工程界引起巨大反响，并促进了预应力混凝土的广泛应用。

近 40 年来，预应力混凝土结构理论和试验研究取得了巨大进展，科研成果显著，出版了一系列重要专著和设计与施工手册等；相应的设计标准、规范与规程不断更新和发展，例如，GB50010—2010《混凝土结构设计规范》、JGJ92—2016《无黏结预应力混凝土结构技术规程》、JGJ140—2004《预应力混凝土结构抗震设计规程》、JGJ369—2016《预应力混凝土结构设计规范》。综合预应力混凝土结构设计、施工与规模空前的工程应用实践经验总结，构成了中国当代预应力混凝土结构与技术的丰富知识体系。

二、预应力混凝土结构

早在 19 世纪后期，土木工程领域的工程师为了克服钢筋混凝土裂缝问题提出了预应力混凝土的概念，并开始了探索试验和实践。由于受到当时科学技术和工业化整体水平等因素的制约，尽管这一时期产生了许多预应力技术专利，但直到 1928 年法国著名工程师 Eugene Freyssinet 认识到混凝土的徐变和收缩等对预应力损失的影响之后，提出了预应力混凝土必须采用高强度钢材和高强度混凝土，预应力混凝土方获得实用性成功。

预应力混凝土技术按施工工艺可分为先张法预应力和后张法预应力，先张法预应力技术可用于生产预制预应力混凝土构件；后张法预应力技术可以通过有黏结、无黏结、缓黏结等工艺技术实现，也可采用体外束预应力技术。

（一）有黏结预应力

有黏结预应力混凝土是指预应力筋完全被周围混凝土或水泥浆体黏结、握裹的预应力混凝土。先张预应力混凝土和预设孔道穿筋并灌浆的后张预应力混凝土均属于此类。

国内 20 世纪 70 年代研制成功 JM15 锚具，80 年代研制成功锚固多根钢绞线及平行钢丝束的 XM，QM，B&S，OVM 锚具以及相应的连接器，材料、技术及其标准规范的配套完善，促进了有黏结预应力技术迅速在房建、桥梁、水工和特种结构工程中的广泛应用，取得了明显的经济和社会效益。

（二）无黏结预应力

无黏结预应力混凝土是指预应力筋伸缩变形自由、不与周围混凝土或水泥浆体产生黏结的预应力混凝土，无黏结预应力筋全长涂有专用的防锈油脂，并外套防老化的塑料管保护。无黏结预应力成套技术包括采用挤出涂塑工艺制作无黏结筋的生产线及工艺参数，张拉锚固配套机具，以及无黏结预应力混凝土结构设计与施工方法。

该技术 1989 年通过鉴定，研究成果达到国际先进水平。自 1990 年分别列入原建设部"八五"科技成果重点推广项目及国家科委"八五"第 1 批 20 项科技成果重点推广项目以来，已在国内数百项多层、高层建筑楼盖及特种结构中推广应用，面积达数千万平方米，经济和社会效益明显。20 世纪 90 年代我国行业标准 JGJ92《无黏结预应力混凝土结构技术规程》等陆续颁布，使该成套技术更趋于完善并在国内重大工程中广泛应用。

三、预应力钢结构

（一）预应力钢结构发展概况

我国现代预应力钢结构的发展始于 20 世纪 50 年代后期和 60 年代。但是直到 20 世纪 80 年代初期，预应力钢结构的总体发展水平还比较落后，工程实践有限，理论储备也不足，与国际发展水平差距很大。自 20 世纪 80 年代中期起，预应力钢结构进入了较好的发展状态。工程实践的数量有较大增长，结构的应用形式趋向多样化，理论研究也逐步配套，包括柔性结构的形态分析、风效应分析、地震效应分析等基础性的理论研究也逐步开展。

进入 21 世纪后，我国预应力钢结构在结构体系、设计理论、施工技术以及工程应用等诸多方面获得了前所未有的发展。单向张弦结构开始在一些重要的工程中得到应用，代表性的工程如广州国际会议展览中心、哈尔滨国际会展体育中心、北京农业展览馆等。

从 2005 年开始，以举办 2008 年奥运会为契机，激起了工程技术人员在建筑领域创新的热情。预应力钢结构开始在奥运场馆中大量应用，其中有一些结构体系是首次在大型场馆应用的，如国家体育馆的双向张弦结构，平面尺寸 114 m×144 m；北京工业大学羽毛球馆的弦支穹顶结构，跨度 90 m；北京大学乒乓球馆辐射式布置的空间张弦结构等。奥运场馆预应力钢结构的成功应用，为之后的推广应用起到了巨大的示范效应，使得预应力钢结构逐渐为业内工程师和业主广泛理解和接受。

从 2008 年以后，每年都有许多预应力钢结构建成，规模越来越大，结构体系也越来越多样化。典型工程如佛山世纪莲体育场、深圳宝安体育场、盘锦体育场的大跨度索膜结构，徐州奥体中心体育场大开口弦支穹顶结构、鄂尔多斯伊金霍洛旗索穹顶结构、天津理工大学索穹顶结构等，建成后使用情况良好。至今在我国新建大跨度空间屋盖结构工程项目中，预应力钢结构已占有十分重要的地位。

（二）预应力钢结构适用范围

随着近年来新材料、新工艺、新结构发展迅猛，在钢结构领域中预应力钢结构的应用有着很大的覆盖面。尤其对大跨度空间结构，其技术经济效益更为显著。预应力钢结构应用广泛的领域可包括公共建筑的体育场馆、会展中心、剧院、商场、飞机库、候机楼等；高耸构筑物是利用预应力增强结构刚度的一种类型，如北京华北电力调度塔以及许多高压输电线路塔架等。把预应力技术用于服役钢结构的加固补强上更是种类繁多，并具有特殊效果。

此外，预应力技术在轻钢结构、钢板结构中的应用研究也在进行中，可以预见预应力钢结构的应用发展具有良好的前景。

（三）预应力钢结构拉索

建筑用索可以归纳为钢丝缆索、钢拉杆和劲性索等。其中，钢丝缆索包括钢绞线、钢丝绳和平行钢丝束等。柔性索可采用钢丝缆索线或钢拉杆，劲性索可采用型钢。预应力钢结构中经常使用的拉索，如钢丝束拉索、钢拉杆及锌 –5% 铝—混合稀土合金镀层钢绞线拉索（高钒拉索）等。

拉索经常采用的锚具形式有，热铸锚锚具和冷铸锚锚具；钢绞线索体可采用夹片锚具，也可采用挤压锚具或压接锚具；承受低应力或动荷载的夹片锚具应有防松装置。锚具选择可根据节点的构造要求以及预应力施加方式确定，还应满足安装和调节的需要。

（四）预应力钢结构技术标准

2000 年以前，尚无专门的预应力钢结构方面的标准或规范，给实际工程的设计、施工与验收带来困难。随着预应力钢结构的研究工作充分开展，大量工程的兴建，国家制定了 CECS212—2006《预应力钢结构技术规程》，适用于工程建设设计、制造与施工，主要内容包括结构设计基本规定、材料和锚具、结构体系及其分析、节点和连接构造、施工及验收、防护和监测等方面；JGJ257—2012《索结构技术规程》系针对索结构方面的一部技术规范。

四、工程应用

（一）预应力混凝土结构工程

1. 广东国际大厦主楼

广东国际大厦主楼（1990 年），结构为筒中筒，63 层，总高度 200.18 m。内外筒间采用无黏结预应力楼盖体系，跨度 7.0 ~ 9.4 m。该工程是国内早期无黏结预应力应用于超高层建筑的典型实例，图 4-1 所示。

2. 东方广场

东方广场结构形式复杂，3 层以上为 12 个独立塔楼，其中 2 栋（W2，F1）楼受实用功能要求跨度较大，为解决结构刚度问题，采用无黏结预应力扁梁，梁跨约 12 m，既增强了整体结构功能，又减小了梁板挠度，提高了整体结构刚度又加强了结构抗震性能。2 层以下各塔楼、裙房联系在一起，不设温度收缩缝，结构形成整体平面，单层面积达 7 万 m²。在设计施工过程中，为了克服混凝土的收缩、徐变变形，克服结构间的沉降变形，设置了 15 个施工段，变形稳定后浇筑成为 1 块整板，但长 480 m、宽 190 m 的大面积平板在外界温差变化的影响下产生的自应力是不容忽略的。因此，为抵抗 2.0 MPa 平均温度应力，在大面积平板内施加无黏结预应力。另外局部区域由于建筑功能的变化而设置 27 m 大跨度结构转换梁，采用有黏结预应力技术，在满足结构强度、刚度的前提下，提供了极大的使用空间，又提高了结构的可靠度和耐久性，图 4-2 所示。

图 4-1 广东国际大厦主楼

图 4-2 东方广场

3. 国家大剧院

国家大剧院的建筑效果是一个巨大的椭圆形金属和玻璃组成的巨型钢球壳，浸泡在一个近 4 万 m² 的椭圆形混凝土水池中，中间椭圆形部位为大剧院的主体结构部分。水池的平均深度仅为 450 mm，水池实际由 8 个独立的水池 22 个区格组成，整个水池与下面的基础连接成整体。在水池的南、北地下通廊处各有 2 根大梁，整个水池通过 4 根梁连接成整体，通廊的上面是由钢结构和玻璃组成的透明池底。水池的总盛水量约为 2 万 t。水池底板的混凝土板厚为 680 mm，混凝土强度等级为 C40。

国家大剧院的水池结构属于超长结构，水池结构的外平面轮廓尺寸为 255 m×260 m，在该水池的结构设计中，水荷载对结构受力的影响是次要的，对结构主要的是超长水池结构受温度变化作用的影响。对于国家大剧院这样的标志性建筑，要控制大面积混凝土水池结构不产生大的混凝土裂缝、不开裂漏水，是水池结构设计的关键，图 4-3 所示。

图 4-3 国家大剧院

4. 广州火车站南站主站房

广州南站主站房地上共 3 层，首层为出站层，二层为站台层（标高 12 m），三层为高架候车层（标高 21 m），上部为钢结构屋顶，平面尺寸为 476 m ×222 m，总建筑面积 37.76 万 m²。站房东、西落客平台及高架候车层采用大跨度预应力混凝土框架结构。其中，高架候车层平行轨道方向跨度 32 m，局部 16 m，有黏结预应力框架梁截面为 1.5 m×3.2 m，1.0 m×3.2 m，无黏结预应力次梁截面为 0.65 m×2.6 m，垂直轨道方向跨度为 23.25 m，21.25 m，预应力混凝土梁截面为 1.5 m×2.6 m，1.0 m×2.6 m；落客平台框架梁最大跨度 48 m，预应力梁截面 1.2 m×（3.5~5）m。高架层上部为钢结构屋顶，平行轨道方向跨度 32 m，中间跨度为 68 m（入口雨罩跨度为 96 m），垂直轨道方向跨度为 68 m，主要采用大跨度预应力索拱结构及预应力索壳结构，通过桁架与结构柱连接。

广州南站主站房结构体系复杂，平面尺寸为 476 m×222 m，下部为铁路桥梁结构，中间为大跨度预应力混凝土框架结构，屋顶为大跨度预应力钢结构屋盖。为了缩短施工工期，工程采取逆作法施工工艺，即先施工下部桥梁结构和屋顶钢结构，再施工落客平台及高架候车层框架结构，图 4-4 所示。

图 4-4 广州火车站南站主站房

5.北京新机场旅客航站楼及综合换乘中心（指廊）工程

北京新机场旅客航站楼及综合换乘中心（指廊）工程，主体结构采用钢筋混凝土框架结构，混凝土柱网主要为 9 m×9 m 和 9 m×18 m，部分柱采用钢骨混凝土结构，屋盖及屋盖支承采用钢结构。EN，ES，WN，WS 指廊区域 F1，F2，F3 层，CS 指廊区域 F1，F2，F3 层，转换梁采用预应力混凝土结构，结构预应力筋采用缓黏结预应力技术，通过后浇带的梁采用有黏结预应力技术。结构超长部位的梁、板配置无黏结预应力筋，以减少温度应力对结构的不利影响，图图 4-5 所示。

图 4-5 北京新机场旅客航站楼及综合换乘中心（指廊）工程

（二）预应力钢结构工程

1. 单向张弦结构

单向张弦结构为张弦梁沿着单向布置的结构。由于其受力明确，结构体系简洁明了，设计方法也比较简单，是目前在实际工程中采用最多的预应力结构体系。单向张弦结构一般由上弦刚性受弯构件、下弦高强度拉索及连接二者的受压撑杆组成。上弦一般向上拱起，受力性能类似于拱，下弦一般为悬垂的拉索，受力类似于悬索，上弦和下弦通过竖向撑杆联系起来，形成稳定的受力体系。

全国农业展览馆新建中西广场展厅主体结构为钢筋混凝土框架结构，屋盖采用单向张弦结构。张弦梁跨度 77 m，两端各外挑 5.2 m，上弦采用宽 2 m、高 1.8 m 的倒三角桁架。受规划及使用功能条件限制，张弦结构的高跨比为 1/12，采用单根 5 m×163 m 的 PE 半平行钢丝束拉索。

2. 双向张弦结构

双向张弦结构是由单榀张弦结构的上弦钢梁和下弦拉索均沿着 2 个方向交叉布置而形成的空间受力体系。由于 2 个方向的平面张弦梁互为对方提供面外弹性约束，平面张弦结构常遇到的面外失稳问题得以控制，整体稳定性能表现良好，受力性能及整体刚度均优于单向张弦结构，是一种值得推广的结构体系。

国家体育馆屋盖表面由南北向不同半径的柱面组合形成。体育馆在功能上划分为比赛馆和热身馆 2 部分，但屋盖结构在 2 个区域连成整体，即采用正交正放的空间网架结构连续跨越比赛馆和热身馆 2 个区域，形成 1 个连续跨结构。比赛馆的平面尺寸为 114 m×144 m，跨度较大，为减小结构用钢量，增加结构刚度，充分发挥结构的空间受力性能，在空间网架结构的下部还布置了双向正交正放的钢索，钢索通过钢撑杆与其上部的网架结构相连，形成双向张弦空间网格结构。钢索采用挤包双保护层大节距扭绞型缆索，强度等级 1 670 MPa，拉索规格主要有四种：5 m×109 m，5 m×187 m，5 m×253 m，5 m×367 m。

3. 空间张弦结构

空间张弦结构包括辐射式布置的张弦结构、三向及多向张弦结构等。辐射式布置的张弦结构一般需要在中央放置刚性环、张弦梁或张弦桁架，按照辐射状布置且与中央内环相连。辐射式张弦梁结构具有传力途径简单，易于施工和刚度大的优点。多向张弦结构是将数榀平面张弦结构多向交叉布置，工程上多应用三向交叉布置。相比单向、双向张弦结构，三向交叉布置的张弦结构空间传力作用更强，但制作更为复杂，尤其是多根上弦相交时节点构造与连接焊缝复杂，目前实际工程采用较少。

北京大学体育馆是第 29 届奥运会乒乓球馆，赛后将改造为北京大学综合体育馆。屋盖为空间张弦结构，由中央刚性环、中央球壳、辐射桁架、拉索和支承体系组成。结构平面尺寸为 92.4 m×71.2 m，共有 32 榀辐射桁架，每榀辐射桁架下设置有预应力拉索，该结构为自平衡体系。辐射桁架上弦为圆钢管，为受压构件；下弦为预应力拉索，型号为 5 m×151 m 的钢索，直径 79 mm，受拉构件，拉索一端固定、一端可调。

4. 弦支穹顶结构

典型的弦支穹顶结构一般由上层刚性穹顶、下层悬索体系及竖向撑杆组成。上层穹顶结构一般为单层焊接球网壳，可以采用肋环形、葵花形、凯威特形等多种布置形式。上弦钢结构也可是由辐射状布置的钢梁与环向联系梁组成的单层壳体。弦支穹顶结构一般要有一个比较强大的外环梁，外环梁可以采用粗钢管或钢桁架。下层悬索体系由环索和径向索组成，径向索由于长度较短，在实际工程中一般采用高强拉杆。索系与上层穹顶通过竖向撑杆联系起来，竖向撑杆对上层穹顶有一定的支承作用，改善穹顶的受力性能。

图 4-6 北京工业大学体育馆

北京工业大学体育馆是第 29 届奥运会羽毛球及艺术体操比赛用场馆。屋顶钢结构形式为弦支穹顶结构。该工程下部结构部分主要由 2 部分组成：环向索和径向拉杆，结构形式如图 4-6 所示。环向索采用预应力钢索规格为：7 m×199 m，5 m×139 m，5 m×61 m 等三种，缆索材料采用包双层 PE 保护套，锚具采用热铸锚具的索头和调节套筒，调节套筒的调节量不小于 ±300 mm；钢索内钢丝直径 7.5 mm，采用高强度普通松弛冷拔镀锌钢丝，

抗拉强度 ≥ 1 670 MPa，屈服强度 ≥ 1 410 MPa，钢索抗拉弹性模量（E）≥ 1.9×105 MPa。径向索采用钢拉杆规格为 60 m 和 40 m，屈服强度 ≥ 835 MPa，抗拉强度 ≥ 1 030 MPa，理论屈服荷载 1 775 kN。

5. 索穹顶结构

索穹顶是在 19 世纪 50 年代发展起来的一种适用于大跨度屋面的结构体系，是根据 Fuller 张拉整体结构的思想，经过专家、学者和工程师坚持不懈地努力，才逐渐形成和发展起来的。美国工程师 D H Geiger 根据 Fuller 的思想构造了 Geiger 体系索穹顶，荷载从中央的拉力环通过一系列辐射状的脊索、环向索和中间斜索传递至周边的压力环。除了撑杆和外压环受压外，其他构件均受拉力，屋盖刚度完全来自预应力。通过控制撑杆的高度实现屋面凹凸起伏的建筑造型，通过受压环给拉索提供支承而形成张力场。

天津理工大学体育馆工程是第 13 届全运会比赛场馆之一。体育馆屋盖结合建筑造型采用索穹顶结构形式，屋盖平面投影为椭圆形，外圈环梁为高低不平的马鞍形，最高 27.947 m，最低 22.215 m，投影面积约为 6 400 m²，长轴约 102 m，短轴约 82 m，是国内首个跨度 > 100 m 的索穹顶结构。该项目索穹顶结构是 Geiger 型和 Levy 型的结合体，内侧为 Geiger 型，最外圈为 Levy 型。内设 3 圈环索及中心拉力环，最外圈脊索及斜索按照 Levy 式布置，共设 32 根，与柱顶混凝土环梁相连，内部脊索及斜索呈 Geiger 式布置，每圈设 16 根，拉索最小规格 60 m，最大规格 133 m，整个索网和内拉环、撑杆的总质量约 353 t。

6. 悬索结构

悬索结构是一种张力结构，它以一系列受拉索作为主要承重构件，这些受拉索按一定规律组成各种不同形式的体系，并悬挂在相应的支承结构上。悬索结构形式多样，可使建筑造型丰富多彩。根据组成方法和受力特点可将常见的悬索结构分为单层悬索体系、预应力双层悬索体系、预应力马鞍形索网。

盘锦体育场为第 12 届全运会女子足球场，屋盖体系属于悬索结构体系，屋盖建筑平面呈椭圆形，长轴方向最大尺寸约 270 m，短轴方向最大尺寸约 238 m，环索最大高度约 57 m。屋盖悬挑长为 29~41 m，长轴方向悬挑量小，短轴方向悬挑量大。整个结构由外围钢框架、屋盖主索系和膜屋面 3 部分组成，其中外围钢框架包括内外 2 圈 X 形交叉钢管柱和自上至下共 6 圈环梁（或环桁架）；屋盖主索系包括 1 道内圈环向索和 288 根径向索，径向索包括 144 道吊索、72 道脊索和 72 道谷索；膜面布置在环索和外围钢框架之间的环形区域，并跨越 72 道脊索和 72 道谷索形成波浪起伏的曲面造型。

五、展望

（一）预应力混凝土结构发展趋势

未来建筑和其他结构工程发展将要求更加高强、轻质、抗震、耐疲劳、耐火和耐腐蚀的特性。预应力混凝土结构是两种高强度材料的结合，结构强度高、寿命长、耐久性好、较少需要维修；采用轻质高强高性能混凝土，将会使结构更轻，抗震性能等得到提高。预应力混凝土技术的发展可归纳为如下几个方面。

（1）预应力混凝土结构向高强、轻质、耐久性与抗震性能好的方向发展；

（2）预应力筋向高强度、低松弛、大直径和耐腐蚀的方向发展；

（3）向高效率的预应力张拉锚固体系及施工配套设备发展；

（4）先进的预应力施工工艺与技术发展；

（5）预制预应力混凝土结构工业化发展；

（6）应用范围越来越广，应用结构形式和体系不断发展。

预制预应力混凝土结构是建筑工业化发展的必然产物。采用预应力先张法或后张法技术，可以提高预制构件结构性能，提高节点抗震性能，保证结构安全可靠。预制混凝土和预应力技术是一对密不可分的相关技术，国外采用预制预应力混凝土建筑结构较多的国家，两项技术的发展是同步的。由于国内全现浇混凝土结构发展迅速，相对而言预制预应力混凝土建筑结构长期处于停滞状态，造成预制混凝土和预应力技术发展极不平衡。

我国通过将预制混凝土和预应力技术的结合，并随着新型现代预制预应力混凝土建筑结构体系的深入研究、应用与发展，可以预见新型现代预制预应力混凝土建筑结构体系将产生质的飞跃，并能全面、系统和高效地支持和满足现代建筑工业化的发展需求；预应力技术的发展也会促进新型预应力混凝土结构形式和体系不断发展。

（二）预应力钢结构发展趋势

目前，我国预应力钢结构的建筑数量逐年增多，预应力钢结构具有强大的生命力，是建筑空间结构发展的大趋势，可归纳为如下几个方面。

（1）预应力钢结构向大跨度、超大跨度方向发展；

（2）预应力拉索材料向高强度、大直径、超长及Z形密封索方向发展；

（3）预应力钢结构计算软件更加简单易用，实现高水平国产化；

（4）预应力钢结构设计向设计施工一体化发展；

（5）预应力拉索施工技术向更加复杂化、对设备要求更高的方向发展；

（6）预应力钢结构施工技术向数字化、智能化和信息化发展。

将预应力技术用于钢结构和空间结构，能充分利用材料的强度潜力，改善结构受力状态、提高结构刚度、节约钢材、降低造价，同时能使建筑师充分发挥想象力，设计出更为优美的结构造型。我国已经研制、开发、采用各种形式的预应力钢结构，充分显示出了该种结构形式的众多特点和优势，具有强大的生命力，是钢结构和空间结构发展的一种新趋势。展望未来，预应力钢结构将会更加发挥其固有的特色和活力，获得更为广阔的应用和发展。

总结我国 40 年来预应力工程施工技术的系统发展、大规模工程应用实践、技术标准与知识体系，典型的、标志性和新颖创新的预应力结构工程大量建成，展现了我国预应力工程施工技术取得的显著成就，未来预应力工程施工技术与绿色施工、数字化、智能化及信息化发展的深度融合，将会取得更加辉煌的成就。

第六节 结构安装工程

一、索具设备

（一）吊具

在构件吊装过程中，常用的吊具有吊钩、吊索、卡环和横吊梁等。

1. 吊钩

起重吊钩常用优质碳素钢材锻造后经淬火处理而成，吊钩表面应光滑，不得有剥裂、刻痕、锐角、裂缝等缺陷的存在，且不准对磨损或有裂缝的吊钩进行补焊修理。吊钩在钩挂吊索时要将吊索挂至钩底；直接钩在吊环中时，不能使吊环硬别或歪扭，以免吊钩产生变形或使吊索脱钩。

2. 吊索

吊索又称千斤绳，主要用于绑扎构件以便起吊，分为环形吊索和开口吊索两种，如图 4-7（a）所示。吊索是用钢丝绳做成的，因此，钢丝绳的允许拉力即为吊索的允许拉力。在工作中，吊索拉力不应超过其允许拉力。

3. 卡环

卡环又称卸甲（由弯环和销子两部分组成），主要用于吊索之间或吊索与构件吊环之间的连接，分为螺栓式卡环和活络式卡环两种，如图 4-7（b）所示。

4. 横吊梁

横吊梁又称铁扁担，常用的形式有钢板横吊梁和钢管横吊梁两种，分别如图 4-7（c）、（d）所示。采用直吊法吊柱时，用钢板横吊梁，可使柱直立，垂直入杯；吊装屋架时，用钢管横吊梁，可减小吊索对构件的横向压力并减少索具高度。

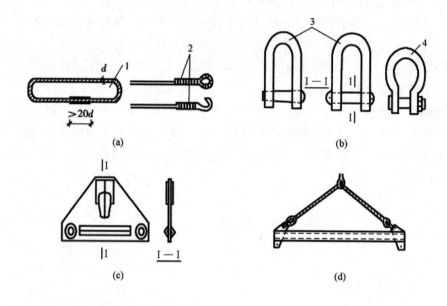

图 4-7 吊具

（a）吊索；（b）卡环；（c）钢板横吊梁；（d）钢管横吊梁

1—环形吊索；2—开口吊索；3—螺栓式卡环；4—活络式卡环

（二）索具

1. 钢丝绳

钢丝绳是吊装工艺中的主要绳索，具有强度高、韧性好、耐磨等特点。同时，钢丝绳被磨损后，外表面产生许多毛刺，易被发现，从而防止了事故的发生。

常用的钢丝绳是用直径相同的光面钢丝捻成股，再由 6 股芯捻成绳。在吊装结构中所用的钢丝绳，一般有 6×19+1、6×37+1、6×61+1 三种。前面的 6 表示 6 股，后面的数据表示每股分别由 19 根、37 根或 61 根钢丝捻成。

2. 滑轮组

所谓滑轮组，即由一定数量的定滑轮和动滑轮组成，并由通过绕过它们的绳索联系成为整体，从而达到省力和改变力的方向的目的，如图 4-8 所示。

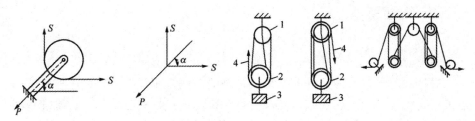

图 4-8 滑轮组及受力示意图

1—定滑轮；2—动滑轮；3—重物；4—绳索引出

3. 卷扬机

结构安装中的卷扬机，有手动和电动两种类型，其中，电动卷扬机又分慢速和快速两种类型。慢速卷扬机（UM 型）主要用于吊装结构、冷拉钢筋和张拉预应力筋；快速卷扬机（JJK 型）主要用于垂直运输和水平运输以及打桩。

另外，卷扬机在使用过程中必须用地锚予以固定，以防止工作时产生滑动或倾覆。根据受力大小，卷扬机有四种固定方法，如图 4-9 所示。

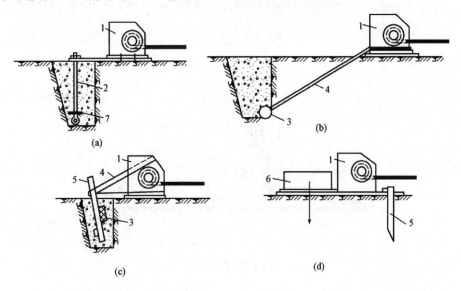

图 4-9 卷扬机的固定方法

（a）螺栓锚固法；（b）水平锚固法；（c）立桩锚固法；（d）压重锚固法

1—卷扬机；2—地脚螺栓；3—横木；4—拉索；5—木桩；6—压重；7—压板

二、起重机械

（一）桅杆式起重机

桅杆式起重机又称拔杆或把杆，是最简单的起重设备，常用的桅杆式起重机有独脚拔杆、人字拔杆、悬臂拔杆和牵缆式桅杆起重机等，这类起重机具有制作简单，装拆方便，起重量大，受施工场地限制小的特点。但这类起重机需设较多的缆风绳，移动困难。另外，其起重半径小，灵活性差。因此，桅杆式起重机一般多用于构件较重、吊装工程比较集中、施工场地狭窄，而又缺乏其他合适的大型起重机械的情况。

1. 独脚拔杆

独脚拔杆由拔杆、起重滑轮组、卷扬机、缆风绳和锚碇等组成，如图4-10所示。其中，缆风绳数量一般为6~12根，最少不得少于4根。使用时，拔杆应保持不大于10°的倾角，以便吊装构件时不致撞击拔杆。拔杆底部要设置拖子以便移动。拔杆的稳定主要依靠缆风绳，绳的一端固定在桅杆顶端，另一端固定在锚碇上，缆风绳与地面的夹角一般取30°~45°，角度过大对拔杆会产生较大的压力。

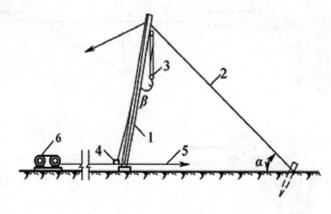

图4-10 独脚拔杆

1—拔杆；2—缆风绳；3—起重滑轮组；4—导向装置；5—拉索；6—卷扬机

2."人"字拔杆

"人"字拔杆一般是由两根圆木或两根钢管用钢丝绳绑扎或铁件铰接而成。"人"字拔杆底部设有拉杆或拉绳以平衡水平推力，两杆夹角一般为30°左右。为保证起重时拔杆底部的稳固，须在一根拔杆底部装一导向滑轮，起重索通过它连接到卷扬机上，再用另一根钢丝绳连接到锚碇上，如图4-11所示。

其优点是侧向稳定性比独脚拔杆好，所用缆风绳数量少，但构件起吊后的活动范围小。

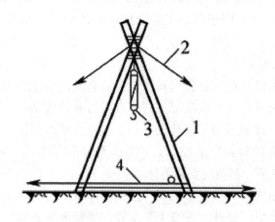

图 4-11 人字拔杆

1—拔杆；2—缆风绳；3—起重滑轮组；4—拉索

3. 悬臂拔杆

悬臂拔杆是在独脚拔杆中部或 2/3 高度处装一根起重臂而制成的。它的特点是起重高度和起重半径较大，起重臂摆动角度也大。但这种起重机的起重量较小，多用于轻型构件的吊装。起重臂也可装在井架上，成为井架拔杆。

4. 牵缆式桅杆起重机

牵缆式桅杆起重机是在独脚拔杆下部装一根起重臂而制成的。这种起重机的起重臂可以起伏，机身可回转 360°，可以在起重半径范围内把构件吊到任何位置。用圆木制作的桅杆，高度可达 25 m，起重量达 10 t 左右；用角钢组成的格构式桅杆，高度可达 80 m，起重量可达 600 t。

（二）自行式起重机

1. 履带式起重机

履带式起重机是一种通用的起重机械，它由行走装置、回转机构、机身及起重臂等部分组成。行走装置为链式履带，可减少对地面的压力；回转机构为装在底盘上的转盘，可使机身回转；机身内部有动力装置、卷扬机及操纵系统；起重臂是由角钢组成的格构式杆件接长，其顶端设有两套滑轮组（起重滑轮组及变幅滑轮组），钢丝绳通过滑轮组连接到机身内部的卷扬机上。

履带式起重机具有较大的起重能力和工作速度，在平整、坚实的道路上还可持荷行走；但其行走时速度较慢，且履带对路面的破坏性较大，故当进行长距离转移时，需用平板拖车运输。常用的履带式起重机的起重量为100 k~500 kN，目前，最大的起重量达3000 kN，最大起重高度可达135 m。履带式起重机广泛应用于单层工业厂房、陆地桥梁等结构安装工程以及其他吊装工程。

2.汽车式起重机

汽车式起重机是把起重机构安装在普通载重汽车或专用汽车底盘上的一种自行杆式起重机。汽车式起重机的优点是行驶速度快，转移迅速，对地面破坏小，因此，特别适用于流动性大、经常变换地点的作业。其缺点是不能负荷行驶，行驶时的转弯半径大；安装作业时稳定性差，为增加其稳定性，设有可伸缩的支腿，起重时支腿落地。

目前，常用的汽车式起重机多为液压伸缩臂汽车起重机，液压伸缩臂一般有2~4节，最下（最外）一节为基本臂，吊臂内装有液压伸缩机构控制其伸缩。该起重机由起升、变幅、回转、吊臂伸缩和支腿机构等组成，全为液压传动。

3.轮胎式起重机

轮胎式起重机，是把起重机构安装在加重型轮胎和轮轴组成的特制底盘上的一种全回转式起重机，其上部构造与履带式起重机基本相同。为了保证安装作业时机身的稳定性，起重机设有四个可伸缩的支腿。在平坦的地面上可不用支腿进行小起重量作业及吊物低速行驶。

与汽车式起重机相比其优点有：轮距较宽、稳定性好、车身短、转弯半径小、可在360°范围内工作。但其行驶时对路面要求较高，行驶速度较汽车起重机慢，不适用于在松软泥泞的地面上工作。

（三）塔式起重机

塔式起重机具有竖直的塔身，其起重臂安装在塔身顶部与塔身组成"F"形，使塔式起重机具有较大的工作空间。它的安装位置能靠近施工的建筑物，有效工作幅度较其他类型起重机大。塔式起重机种类繁多，广泛应用于多层及高层建筑工程施工中。

塔式起重机按起重能力可分为：

（1）轻型塔式起重机：起重量为0.5 ~ 3 t，一般用于六层以下民用建筑施工。

（2）中型塔式起重机：起重量为3 ~ 15 t，适用于一般工业建筑与高层民用建筑施工。

（3）重型塔式起重机：起重量为 20 ~ 40 t，一般用于大型工业厂房的施工和高炉等设备的吊装。

塔式起重机按构造性能可分为轨道式、爬升式、附着式和固定式四种，以下介绍前两种。

1. 轨道式塔式起重机

轨道式塔式起重机是一种在轨道上行驶的自行式塔式起重机。其中，有的只能在直线轨道上行驶，有的可沿"L"形或"U"形轨道行驶。作业范围在两倍幅度的宽度和走行线长度的矩形面积内，并可负荷行驶。

QT1-6 型塔式起重机是塔顶回转式中型塔式起重机，由底座、塔身、起重臂、塔顶及平衡重物等组成。此起重机的最大起重力矩为 510 kN•m，最大起重量为 60 kN，最大起重高度为 40.60 m，最大起重半径为 20 m。其特点是能转弯行驶，可根据需要适当增加塔身节数以增加起重高度，故适用面较广。但其重心高，对整机稳定及塔身受力不利，装拆费工时。

2. 爬升式塔式起重机

爬升式塔式起重机是自升式塔式起重机的一种，它由底座、套架、塔身、塔顶、行车式起重臂、平衡臂等部分组成。它安装在高层装配式结构的框架梁或电梯间结构上，每安装 1 ~ 2 层楼的构件，便靠一套爬升设备使塔身沿建筑物向上爬升一次。这类起重机主要用于高层（10 层及以上）框架结构安装及高层建筑施工。其特点是机身小、重量轻、安装简单、不占用建筑物外围空间；适用于现场狭窄的高层建筑结构安装。但是，采用这种起重机施工，将增加建筑物的造价、造成司机的视野不良、需要一套辅助设备用于起重机拆卸。

第七节 屋面及地下防水工程

一、屋面防水工程

屋面防水工程是房屋建筑的一项重要工程，其施工质量的好坏，不仅关系到建筑物的使用寿命，而且直接影响民众的生产活动和生活的正常进行。目前，常用的屋面防水做法有卷材防水屋面、刚性防水屋面和涂膜防水屋面。屋面工程应根据建筑物的性质、重要程度、使用功能要求以及防水层合理使用年限，按不同等级进行设防，并应符合表 4-1 的要求。

表 4-1 屋面防水等级和设防要求

项目	层面防水等级			
	Ⅰ	Ⅱ	Ⅲ	Ⅳ
建筑物类别	特别重要或对防水有特殊要求的建筑	重要的建筑和高层建筑	一般的建筑	非永久的建筑
防水层合理使用年限	25 年	15 年	10 年	5 年
防水层选用材料	宜选用合成高分子防水卷材、高聚物改性沥青防水卷材、金属板材，合成高分子防水涂料、细石混凝土等材料	宜选用合成高分子防水卷材、高聚物改性沥青防水卷材、金属板材、合成高分子防水涂料、高聚物改性沥青防水涂料、细石混凝土、平瓦、油毡瓦等材料	宜选用三毡四油沥青防水卷材、高聚物改性沥青防水卷材、合成高分子防水卷材、金属板材、高聚物改性沥青防水涂料、合成高分子防水涂料、细石混凝土、平瓦、油毡瓦等材料	可选用二毡三油沥青防水卷材、高聚物改性沥青防水涂料等
设防要求	三道或三道以上防水设防	二道防水设防	一道防水设防	一道防水设防

（一）卷材防水屋面

卷材防水屋面适用于防水等级为Ⅰ～Ⅳ级的屋面防水。卷材防水屋面是用胶结材料粘贴卷材铺设在结构基层上而形成防水层。

卷材防水屋面具有重量轻、防水性能好等优点，其防水层（卷材）的柔韧性好，能适应一定程度的结构振动和胀缩变形。所用卷材有传统的沥青防水卷材、高聚物改性沥青防水卷材和合成高分子防水卷材等三大类若干品种。

1. 防水材料

（1）基层处理剂。

基层处理剂的选择应与所用卷材的材性相容。

常用的基层处理剂有用于沥青卷材防水屋面的冷底子油，它的作用是使沥青胶与水泥砂浆找平层更好地黏结，其配合比（质量比）一般为石油沥青40% 加柴油或者轻柴油 60%（俗称慢挥发性冷底子油），涂刷后 12 ～ 48 h 即可干燥；也可用快挥发性的冷底子油，配合比一般为石油沥青30% 加汽油70%，涂刷后 5 ～ 10 h 就可干燥。

涂刷冷底子油的施工要求为：在找平层完全干燥后方可施工，待冷底子油干燥后，立即做油毡防水层；否则冷底子油粘灰尘后，应返工重刷。

用于高聚物改性沥青防水卷材屋面的基层处理剂是聚氨酯煤焦油系的二甲苯溶液、氯丁胶乳溶液、氯丁胶沥青乳液等。

用于合成高分子防水卷材屋面的基层处理剂，一般采用聚氨酯涂膜防水材料的甲料、乙料、二甲苯按1：1.5：3 的比例配合搅拌，或者采用氯丁胶乳。

（2）胶粘剂。

沥青卷材可选用纯沥青（不得用于保护层）作为胶粘剂。沥青常采用10 号和 30 号建筑沥青以及 60 号道路石油沥青，一般不使用普通沥青。这是因为普通沥青含蜡量较多，降低了石油沥青的黏结力和耐热度。通常在熬化的沥青中掺入适当的滑石粉（一般为 20% ~ 30%）或石棉粉（一般为 5% ~ 15%）等填充材料拌和均匀，形成沥青胶。填入的填料可改善沥青胶的耐热度和柔韧性等性能。

高聚物改性沥青卷材可选用橡胶或再生橡胶改性沥青的汽油溶液或水乳液作胶粘剂，其黏结剪切强度应大于 0.05 MPa，黏结剥离强度应大于 8 N/10 mm。常用的胶粘剂为氯丁橡胶改性沥青胶粘剂。

合成高分子防水卷材可选用以氯丁橡胶和丁基酚醛树脂为主要成分的胶粘剂（如 404 胶等），或以氯丁橡胶乳液制成的胶粘剂，其黏结剥离强度不应小于 15N/10 mm，其用量以 0.4 ~ 0.5 kg/m^2 为宜。施工前也应查明产品的使用要求，与相应的卷材配套使用。

（3）卷材。

①沥青卷材。沥青防水卷材按制造方法的不同，可分为浸渍（有胎）和辊压（无胎）两种。石油沥青卷材又称油毡和油纸。油毡由高软化点的石油沥青涂盖油纸的两面，再撒上一层滑石粉或云母片而成，油纸由低软化点的石油沥青浸渍原纸而成。建筑工程中常用的有石油沥青油毡和石油沥青油纸两种。油毡和油纸在运输、堆放时应竖直搁置，高度不宜超过两层；应储存在阴凉通风的室内，避免日晒雨淋及高温、高热。

②高聚物改性沥青卷材。高聚物改性沥青防水卷材是以合成高分子聚合物改性沥青为涂盖层，纤维织物或纤维毡为胎体，粉状、粒状、片状或薄膜材料为覆盖材料制成的可卷曲的片状材料。

③合成高分子卷材。合成高分子防水卷材是以合成橡胶、合成树脂或两者的混合体为基料，加入适量的化学助剂和填充料等，经不同工序加工而成的可卷曲的片状防水材料；或把上述材料与合成纤维等复合，形成两层或两层以上的可卷曲的片状防水材料。

2. 高聚物改性沥青卷材防水屋面施工

（1）找平层施工。

找平层为基层（或保温层）与防水层之间的过渡层，一般采用 1 : 3 的水泥砂浆或 1 : 8 的沥青砂浆。找平层的厚度取决于结构基层的种类，水泥砂浆一般厚度为 5 ~ 30 mm，沥青砂浆一般厚度为 15 ~ 25 mm。找平层质量的好坏直接影响到防水层的铺贴质量。要求找平层表面平整，无松动、起壳和开裂现象，与基层黏结牢固，坡度应符合设计要求，一般檐沟纵向坡度不应小于1%，在水落口周围直径 500 mm 范围内坡度不应小于 5%。两个面相接处均应做成半径不小于 100 mm 的圆弧或斜面长度为 100 ~ 150 mm 的钝角。找平层宜设置分格缝，缝宽为 20 mm，分格缝宜留设在预制板支承边的拼缝处，缝间距为：采用水泥砂浆或细石混凝土时，不宜大于 6 m；采用沥青砂浆时，不宜大于 4 m。分格缝应嵌添密封材料，同时分格缝应附加 200~300 mm 宽的卷材。

（2）喷涂基层处理剂。

基层处理剂是为了增强防水材料与基层之间的黏结力，在防水层施工前，预先涂刷在基层上的稀质涂料。常用的基层处理剂有冷底子油及高聚物改性沥青卷材和合成高分子卷材配套的底胶，它与卷材的材性相容，以免与卷材发生腐蚀或黏结不良。

基层处理剂可采用喷涂或涂刷的施工方法，喷涂应均匀一致，无露底。待基层处理剂干燥后，应及时铺贴卷材。喷涂时，应先用油漆刷对屋面节点、拐角、周边转角等细部进行涂刷，然后大面积部位涂刷。

（3）细部处理主要包括以下几点。

①天沟、檐沟部位。天沟、檐沟部位铺贴卷材时，应从沟底开始，纵向铺贴，如沟底过宽，纵向搭接缝宜留设在屋面或沟的两侧。卷材应由沟底翻上至沟外檐顶部，卷材收头应用水泥钉固定，并用密封材料封严。沟内卷材附加层在天沟、檐口与屋面交接处宜空铺，空铺的宽度不应小于 200 mm。

②女儿墙泛水部位。当泛水墙体为砖墙时，卷材收头可直接铺压在女儿墙压顶下，压顶应做防水处理。也可在砖墙上预留凹槽，卷材收头端部应截齐压入凹槽内，用压条或垫片钉牢固定，最大钉距不应大于 900 mm，然后用密封材料将凹槽嵌填封严，凹槽上部的墙体也应抹水泥砂浆层做防水处理。当泛水墙体为混凝土时，卷材的收头可采用金属压条钉牢，并用密封材料封固。需要注意的是，铺贴泛水的卷材应采取满粘法，泛水高度不应小于 250 mm。

③变形缝部位。变形缝的泛水高度不应小于 250 mm，其卷材应铺贴到变形缝两侧砌体上面，并且缝内应填泡沫塑料，上部应填放衬垫材料，并用卷材封盖。变形缝顶部应加扣混凝土盖板或金属盖板，盖板的接缝处要用油膏嵌封严密。

④水落口部位。水落口杯上口的标高应设置在沟底的最低处，铺贴时，卷材贴入水落口杯内不应小于 50 mm，涂刷防水涂料 1~2 遍，并且使水落口周围直径 500 mm 的范围内坡度不小于并应在基层与水落口接触处留 20 mm 宽、20 mm 深凹槽，用密封材料嵌填密实。

⑤伸出屋面的管道。管子根部周围做成圆锥台，管道与找平层相接处留20 mm×20 mm的凹槽，嵌填密封材料，并在卷材收头处用金属箍箍紧，密封材料封严。

⑥无组织排水。在排水檐口直径800 mm范围内卷材应采取满粘法，卷材收头压入预留的凹槽内，采用压条或带垫片钉子固定，最大钉距不应大于900 mm，凹槽内用密封材料嵌填封严，并注意在檐口下端应抹出鹰嘴和滴水槽。

（4）卷材铺贴主要包括以下几点。

①铺贴方向。卷材的铺设方向应根据屋面坡度和屋面是否有振动来确定，当屋面坡度小于3%时，卷材宜平行于屋脊铺贴。当屋面的坡度为3%~15%时，卷材可平行或垂直于屋脊铺贴；当屋面的坡度大于15%或屋面受振动时，应垂直于屋脊铺贴。

②搭接方法及要求。铺贴卷材采用搭接法，上、下层及相邻两幅卷材的搭接缝应错开，平行于屋脊的搭接应顺流水方向；垂直于屋脊的搭接应顺主导风向。叠层铺设的各层卷材，在天沟与屋面的连接处，应采用叉接法搭接，搭接缝应错开，接缝宜留在屋面或天沟侧面，不宜留在沟底，各种卷材搭接宽度应符合要求。

③铺贴有以下三种方法。

A.冷粘法。将卷材放在弹出的基准线位置上，一般在基层上和卷材背面均涂刷胶粘剂，根据胶粘剂的性能，控制胶粘剂涂刷与卷材铺贴的间隔时间，边涂边将卷材滚动铺贴。胶粘剂应涂刮均匀，不漏底、不堆积。用压辊均匀用力滚压，排除空气，使卷材与基层紧密粘贴牢固。卷材搭接处用胶粘剂满涂封口，滚压粘贴牢固。接缝应用密封材料封严，宽度不应小于10 mm。采用冷粘法施工时，应控制胶粘剂与卷材铺贴的间隔时间，以免影响粘贴力和黏结的牢固性。

B.热熔法。将卷材放在弹出的基准线位置上，并用火焰加热烘烤卷材底面，加热器的喷嘴距卷材面的距离应适中，幅宽内加热应均匀，以卷材表面熔融至光亮黑色为准，不得过分加热卷材。滚动时应排除卷材与基层之间的空气，压实使之平展并粘贴牢固。卷材的搭接部位以均匀的溢出改性沥青为准。搭接部位必须把下层的卷材搭接边PE膜、铝膜或矿物粒清除干净。采用热熔法施工时，注意火焰加热器的喷嘴与卷材面的距离应保持适中，幅宽内加热应均匀，防止过分加热卷材；厚度小于3 mm的卷材，严禁采用热熔法施工，并应在施工现场备有灭火器材，严禁烟火，易燃材料应有专人保存管理。

C.自粘法。将卷材背面的隔离纸剥开撕掉，直接粘贴在弹出基准线的位置上，排除卷材下面的空气，滚压平整，粘贴牢固。低温施工时，立面、大坡面及搭接部位宜采用热风机加热，加热后随即粘贴牢固；接缝口用密封材料封严，宽度不应小于 10 mm。

（5）保护层施工。卷材铺设完毕，经检查合格后，应立即进行保护层的施工，及时保护防水层免受损伤，从而延长卷材防水层的使用年限。常用的保护层做法有以下几种。

①涂料保护层。涂料保护层一般在现场配置，常用的有铝基沥青悬浮液、丙烯酸浅色涂料或在涂料中掺入铝粉的反射涂料。施工前防水层表面应干净无杂物。涂刷方法与用量按各种涂料使用说明书操作，基本和涂膜防水施工相同；涂刷应均匀、不漏涂。

②绿豆砂保护层。在沥青卷材非上人屋面中使用较多。施工时在卷材表面涂刷最后一道沥青胶，趁热撒铺一层粒径为 3 ~ 5 mm 的绿豆砂，绿豆砂应撒铺均匀，全部嵌入沥青胶中。为了嵌入牢固，绿豆砂须经预热至 100 ℃左右，干燥后使用。边撒绿豆砂边扫铺均匀，并用软辊轻轻压实。

③细砂、云母或蛭石保护层。主要用于非上人屋面的涂膜防水层的保护层，使用前应先筛去粉料，砂可采用天然砂。当涂刷最后一道涂料时，应边涂刷边撒布细砂（或云母、蛭石），同时用软胶辊反复轻轻滚压，使保护层牢固地黏结在涂层上。

④混凝土预制板保护层。混凝土预制板保护层的结合层可采用砂或水泥砂浆；混凝土板的铺砌必须平整，并满足排水要求。在砂结合层上铺砌块体时，砂层应洒水压实并刮平；板块对接铺砌，缝隙应一致，约 10 mm，砌完洒水轻拍压实。板缝先填砂一半高度，再用 1∶2 的水泥砂浆勾成凹缝。为防止砂流失，在保护层四周直径 500 mm 范围内，应改用低强度等级水泥砂浆做结合层。上人屋面的预制块体保护层，块体材料应按照楼地面工程质量要求选用，结合层应选用 1∶2 的水泥砂浆。

⑤水泥砂浆保护层。水泥砂浆保护层与防水层之间应设置隔离层。保护层用的水泥砂浆配合比一般为 1∶2.5~1∶3（体积比）。保护层施工前，应根据结构情况每隔 4 ~ 6 m 用木模设置纵、横分格缝。铺设水泥砂浆时应随铺随拍实，并用刮尺刮平；排水坡度应符合设计要求。立面水泥砂浆保护层施工时，为使砂浆与防水层黏结牢固，可事先在防水层表面粘上砂粒或小豆石，然后再做保护层。

⑥细石混凝土保护层。施工前应在防水层上铺设隔离层，并按设计要求支设好分格缝木模，设计无要求时，每格面积不应大于 36 m²，分格缝宽度宜为 20 mm，一个分格内的混凝土应连续浇筑，不留施工缝。振捣宜采用铁辊压或人工拍实，以防破坏防水层。拍实后随即用刮尺按排水坡度刮平，初

凝前用木抹子提浆抹平，初凝后及时取出分格缝木模，终凝前用铁抹子压光。细石混凝土保护层浇筑后应及时进行养护，养护时间不应少于 7 d。

（二）涂膜防水屋面

涂膜防水屋面是在屋面基层上涂刷防水涂料，经固化后形成一层有一定厚度和弹性的整体涂膜，从而达到防水目的的一种防水屋面形式。防水涂料的特点：防水性能好，固化后无接缝；施工操作简便，可适应各种复杂的防水基面；与基面黏结强度高；温度适应性强；施工速度快，易于修补等。

（三）刚性防水屋面

刚性防水屋面是指使用刚性防水材料做防水层的屋面，主要有普通细石混凝土防水屋面、补偿收缩混凝土防水屋面、块料刚性防水屋面、预应力混凝土防水屋面等。与卷材或涂膜防水屋面相比，刚性防水屋面所用的材料购置方便、价格便宜、耐久性好、维修方便、但刚性防水层材料的表观密度大、抗拉强度低、极限拉应力小、易受混凝土或砂浆的干湿变形以及温度变形和结构变位而产生裂缝。主要适用于防水等级为Ⅲ级的屋面防水，也可用作Ⅰ、Ⅱ级屋面多道防水设防中的一道防水层，不适用于设有松散材料保温层的屋面，以及受较大振动或冲击和坡度大于 15% 的建筑屋面。

二、地下防水工程

（一）地下结构的防水方案

地下工程的防水方案，应遵循"防、排、截、堵相结合，刚柔相济、因地制宜、综合治理"的原则，根据使用要求、自然环境条件以及结构形式等因素确定。地下工程的防水，应采用经过试验、检测和鉴定并经实践检验质量可靠的新材料，行之有效地新技术、新工艺，常用的防水方案有以下三类。

1. 结构自防水

结构自防水是依靠防水混凝土本身的抗渗性和密实性来进行防水。结构本身既是承重维护结构，又是防水层。因此，它具有施工方便、工期较短、改善劳动条件和节省工程造价等优点，是解决地下防水的有效途径，因而被广泛采用。

2. 设置防水层

设置防水层就是在结构的外侧按设计要求设置防水层，以达到防水的目的。常用的防水层有水泥砂浆防水层、卷材防水层、沥青胶结料防水层和金属防水层，可根据不同的工程对象、防水要求、设计要求及施工条件选用不同的防水层。

3. 渗排水防水

利用盲沟、渗排水层等措施来排除附近的水源以达到防水的目的。适用于形状复杂、受高温影响大、地下水为上层滞水且防水要求较高的地下建筑。

（二）防水混凝土结构施工

1. 地下工程防水混凝土的设计要求

防水混凝土又称抗渗混凝土，是以改进混凝土配合比、掺加外加剂或采用特种水泥等手段提高混凝土的密实性、憎水性和抗渗性，使其满足抗渗等级大于或等于 P6（抗渗压力为 0.6 MPa）要求的不透水性混凝土。

2. 防水混凝土的搅拌

（1）准确计算、称量用料量。

严格按选定的施工配合比准确计算并称量每种用料。外加剂的掺加方法应遵从所选外加剂的使用要求。水泥、水、外加剂掺合料计量允许偏差不应大于 ±1%；砂、石计量允许偏差不应大于 2%。

（2）控制搅拌时间。

防水混凝土应采用机械搅拌，搅拌时间一般不少于 2 min，掺入引气型外加剂，则搅拌时间为 2 ~ 3 min，掺入其他外加剂应根据相应的技术要求确定搅拌时间；掺 UEA 膨胀剂防水混凝土搅拌的时间最短。

3. 防水混凝土的浇筑

防水混凝土在浇筑前，应将模板内部清理干净，并用水湿润模板。浇筑时，若入模自由高度超过 1.5 m，则必须用串筒、溜槽或溜管等辅助工具将混凝土送入，以防离析或造成石子滚落堆积而影响质量。

在防水混凝土结构中有密集管群穿过处、预埋件或钢筋稠密处，浇筑混凝土有困难时，应采用相同抗渗等级的细石混凝土浇筑；预埋大管径的套管或面积较大的金属板时，应在其底部开设浇筑振捣孔，以利于排气、浇筑和振捣。

随着混凝土龄期的延长，水泥继续水化，内部可冻结水大量减少，同时水中溶解盐的浓度增加，因此，冰点也会随龄期的增加而降低，使抗渗性能逐渐提高。为了保证早期免遭冻害，不宜在冬期施工，而应选择在气温为 15 ℃以上的环境中施工。因为气温在 4 ℃时，其强度增长速度仅为 15 ℃时的 50%；而混凝土表面温度降到 -4 ℃时，水泥水化作用停止，强度也停止增长。如果此时混凝土强度低于设计强度的 50%，冻胀使内部结构遭到破坏，造成强度、抗渗性急剧下降。为防止混凝土早期受冻，北方地区对于施工季节的选择安排十分重要。

（三）卷材防水层施工

卷材防水层属柔性防水层，具有较好的韧性和延伸性，防水效果较好；其基本要求与屋面卷材防水层相同。

1. 材料要求

（1）宜采用耐腐蚀油毡，油毡选用要求与防水屋面工程施工相同。

（2）沥青胶粘材料和冷底子油的选用、配制方法与石油沥青油毡防水屋面工程施工基本相同。沥青的软化点，应高出基层及防水层周围介质可能达到最高温度的 20 ℃~25 ℃，且不低于 40 V。

2. 卷材防水层铺贴

将卷材防水层铺贴在地下结构的外侧（迎水面）称为外防水，外防水卷材防水层的铺贴方法，按其与地下结构施工的先后顺序分为外防外贴法（简称外贴法）和外防内贴法（简称内贴法）两种。

三、室内其他部位防水工程

（一）卫生间防水施工

1. 卫生间的防水构造

2. 卫生间施工准备

（1）材料准备。

①进场材料复验。供货时必须有生产厂家提供的材料质量检验合格证。材料进场后，使用单位应对进场材料的外观进行检查，并做好记录；材料进场一批，应抽样复验一批；复验项目包括拉伸强度、断裂伸长率、不透水性、低温柔性、耐热度。各地也可根据本地区主管部门的有关规定，适当增减复验项目；各项材料指标复验合格后，该材料方可用于工程施工。

②防水材料储存。材料进场后，设专人保管和发放。材料不能露天放置，必须分类存放在干燥通风的室内，并远离火源，严禁烟火。水溶性涂料在 0℃ 以上储存，受冻后的材料不能用于工程。

（2）机具准备。

一般应备有配料用的电动搅拌器、拌料桶、磅秤，涂刷涂料用的短把棕刷、油漆毛刷、滚动刷，油漆小桶、油漆嵌刀、塑料或橡皮刮板，铺贴胎体增强材料用的剪刀、压碾辊等。

3. 卫生间聚氨酯防水施工

（1）材料要求。

聚氨酯涂膜防水材料是双组分化学反应固化型的高弹性防水涂料，多以甲、乙双组分形式使用。主要材料有聚氨酯涂膜防水材料甲组分、聚氨酯涂膜防水材料乙组分和无机铝盐防水剂等。施工用辅助材料应备有二甲苯、醋酸乙酯、磷酸等。

（2）基层处理。

卫生间的防水基层必须用 1∶3 的水泥砂浆找平，要求抹平压光无空鼓，表面要坚实，不应有起砂、掉灰现象。在抹找平层时，在管道根部的周围，应使其略高于地面，在地漏的周围，应做成略低于地面的洼坑。找平层的坡度以 1% ~ 2% 为宜，坡向地漏。凡遇到阴阳角处，要抹成半径不小于 10 mm 的小圆弧。

与找平层相连接的管件、卫生洁具、排水口等必须安装牢固，收头圆滑，按设计要求用密封膏嵌固；基层必须基本干燥，一般在基层表面均匀泛白无明显水印时，才能进行涂膜防水层施工。施工前，要把基层表面的尘土杂物彻底清扫干净。

（3）施工工艺要点。

①清理基层，需做防水处理的基层表面，必须彻底清扫干净。

②涂布底胶，将聚氨酯甲、乙双组分和二甲苯按 1∶1.5∶2 的比例（重量比，以产品说明为准）配合搅拌均匀，再用小滚刷或油漆刷均匀涂布在基层表面上；涂刷量一般为 0.15 ~ 0.21 kg/m²，涂刷后应干燥固化 4 h 以上，才能进行下道工序施工。

③配制聚氨酯涂膜防水涂料。将聚氨酯甲、乙双组分和二甲苯按 1∶1.5∶0.3 的比例配合，用电动搅拌器强力搅拌均匀备用。应随配随用，一般在 2 h 内用完。

④涂膜防水层施工，用小滚刷或油漆刷将已配好的防水涂料均匀涂布在底胶已干固的基层表面上。涂完第一度涂膜后，一般需固化 5 h 以上，在基本不粘手时，再按上述方法涂布第二、第三、第四度涂膜，并使后一度与前一度的涂布方向相垂直。对管子根部、地漏周围以及墙转角部位，必须认真涂刷，涂刷厚度不应小于 2 mm。在涂刷最后一度涂膜固化前及时稀撒少许干净的粒径为 2 ~ 3 mm 的小豆石，使其与涂膜防水层黏结牢固，作为与水泥砂浆保护层黏结的过渡层。

⑤做好保护层，当聚氨酯涂膜防水层完全同化和通过蓄水试验合格后，即可铺设一层厚度为 15 ~ 25 mm 的水泥砂浆保护层，然后按设计要求铺设饰

面层。

（4）质量要求。

聚氨酯涂膜防水材料的技术性能应符合设计要求或材料标准规定，并应附有质量证明文件和现场取样进行检测的试验报告以及其他有关质量证明的文件。聚氨酯的甲、乙料必须密封存放，甲料开盖后，吸收空气中的水分会起反应而固化，如在施工中混有水分，则聚氨酯固化后内部会有水泡，影响防水能力。涂膜厚度应均匀一致，总厚度不应小于 1.5 mm。涂膜防水层必须均匀固化，不应有明显的凹坑、气泡和渗漏水的现象。

4. 卫生间氯丁胶乳沥青防水涂料施工

（1）材料要求。

氯丁胶乳沥青防水涂料是以氯丁橡胶和沥青为基料，经加工合成的一种水乳型防水涂料。它兼有橡胶和沥青的双重优点，具有防水、抗渗、耐老化、不易燃、无毒、抗基层变形能力强等优点。

（2）基层处理。

氯丁胶乳沥青防水涂料与聚氨酯涂膜防水施工要求相同。

（3）施工工艺及要点。

二布六油防水层的工艺流程：基层找平处理、满刮、遍氯丁胶沥青水泥腻子、满刮第一遍涂料、做细部构造加强层、铺贴玻璃布，同时刷第二遍涂料、刷第三遍涂料、铺贴玻纤网格布，同时刷第四遍涂料、涂刷第五遍涂、涂刷第六遍涂料并及时撒砂粒、蓄水试验、按设计要求做保护层和面层、防水层二次蓄水试验，验收。

在清理干净的基层上满刮一遍氯丁胶乳沥青水泥腻子，管根和转角处要厚刮并抹平整，腻子的配制方法是将氯丁胶乳沥青防水涂料倒入水泥中，边倒边搅拌至稠浆状即可刮涂于基层，腻子厚度为 2 ~ 3 mm，待腻子干燥后，满刷一遍防水涂料，但涂刷不能过厚，不得漏刷，表面均匀不流淌，不堆积，立面刷至设计标高。在细部构造部位，如阴阳角、管道根部、地漏、大便器蹲坑等分别附加一布二涂附加层；附加层干燥后，大面铺贴玻纤网格布，同时涂刷第二遍防水涂料，使防水涂料浸透布纹渗入下层，玻纤网格布搭接宽度不应小于 100 mm，立面贴到设计高度，顺水接槎，收口处贴牢。

上述涂料实干后（约 24 h），满刷第三遍涂料，表干后（约 4 h）铺贴第二层玻纤网格布，同时满刷第四遍防水涂料。第二层玻纤布与第一层玻纤布接槎要错开，涂刷防水涂料时应均匀，将布展平无折皱。上述涂层实干后，满刷第五遍、第六遍防水涂料，整个防水层实干后，可进行第一次蓄水试验，蓄水时间不少于 24 h，无渗漏才合格，然后做保护层和饰面层。工程交付使用前应进行第二次蓄水试验。

（4）质量要求。

水泥砂浆找平层做完后，应对其平整度、强度、坡度和干燥度进行预检验收。防水涂料应有产品质量证明书以及现场取样的复检报告。施工完成的氯丁胶乳沥青涂膜防水层，不得有起鼓、裂纹、孔洞缺陷。末端收头部位应粘贴牢固，封闭严密，成为一个整体的防水层；做完防水层的卫生间，须经24 h以上的蓄水检验，无渗漏水现象方为合格。要提供检查验收记录，连同材料质量证明文件等技术资料一并归档备查。

5.卫生间的渗漏与堵漏技术

卫生间用水频繁，防水处理不当就会发生渗漏，主要表现在楼板管道滴漏水、地面积水、墙壁潮湿渗水、甚至下层顶板和墙壁也出现滴水等现象。治理卫生间的渗漏，必须先查找渗漏的部位和原因，然后采取有效地针对性措施。

（1）板面及墙面渗水。

①原因主要有：混凝土、砂浆施工的质量不良，存在微孔渗漏；板面、隔墙出现轻微裂缝；防水涂层施工质量不好或被损坏。

②堵漏措施。

A.拆除卫生间渗漏部位饰面材料，涂刷防水涂料。

B.如有开裂现象，则应对裂缝先进行增强防水处理，再刷防水涂料。增强处理一般采用贴缝法、填缝法和填缝加贴缝法。贴缝法主要适用于微小的裂缝，可刷防水涂料并加贴纤维材料或布条作防水处理。填缝法主要用于较显著的裂缝，施工时要先进行扩缝处理，将缝扩展成15 mm×15 mm左右的V形槽，清理干净后刮填嵌缝材料。填缝加贴缝法除采用填缝处理外，需在缝表面再涂刷防水涂料，并粘纤维材料处理。

当渗漏不严重，饰面拆除困难时，也可直接在其表面刮涂透明或彩色聚氨酯防水涂料。

（2）卫生洁具及穿楼板管道、排水管口等部位渗漏

①原因有：细部处理方法欠妥，卫生洁具及管口周边填塞不严；管口连接件老化；由于振动及砂浆、混凝土收缩等原因出现裂隙；卫生洁具及管口周边未用弹性材料处理，或施工时嵌缝材料及防水涂料黏结不牢；嵌缝材料及防水涂层被拉裂或拉离黏结面。

②堵漏措施。

A.将漏水部位彻底清理，刮填弹性嵌缝材料。

B.在渗漏部位涂刷防水涂料，并粘贴纤维材料增强。

C.更换老化管口连接件。

（二）细部防水施工

1.檐口

在卷材防水屋面檐口 800 mm 范围内的卷材应满粘，卷材收头应采用金属压条钉压，并应用密封材料封严，檐口下端应做鹰嘴和滴水槽。涂膜防水屋面檐口的涂膜收头，应用防水涂料多边涂刷，檐口下端应做鹰嘴和滴水槽。

2.天沟、檐沟

卷材或涂膜防水屋面檐沟和天沟的构造，应符合下列规定。

（1）檐沟和天沟的防水层下应增设附加层，附加层伸入屋面的宽度不应小于 250 mm。

（2）檐沟防水层和附加层应由沟底翻上至外侧顶部，卷材收头应采用金属压条钉压。

（3）檐沟外侧下端应做鹰嘴和滴水槽。

（4）檐沟外侧高于屋面结构板时，应设置溢水口。天沟、檐沟必须按设计要求找坡，转角处应抹成规定的圆角。天沟或檐沟铺贴卷材应从沟底开始，顺着天沟从水落口向分水岭方向铺贴，并应用密封材料封严。

3.变形缝

变形缝防水构造应符合下列规定。

（1）变形缝泛水处的防水层下应增设附加层，附加层在平面和立面的宽度均不应小于 250 mm；防水层应铺贴或涂刷至泛水墙的顶部。

（2）变形缝内应预填不燃保温材料，上部应采用防水卷材封盖，并放置衬垫材料，再在其上干铺一层卷材。

（3）等高变形缝顶部宜加扣混凝土或金属盖板。

（4）高低跨变形缝在立墙泛水处应采用有足够变形能力的材料和构造做密封处理。

四、地下防水工程

（一）地下防水工程的现状和原因分析

1.设计原因

（1）变形缝留设不合理。

根据规范要求，对钢筋混凝土结构板墙最大变形缝间距规定为 20~45 m

之间，但实际中往往将范围放大 1~2 倍，甚至不留后浇带，而也不采取其他的技术措施，虽然给施工带来了方便，但也给渗漏留了隐患。

（2）设计配筋欠合理。

由于设计配筋欠合理，使得其对混凝土的约束作用减少，随着干缩的产生、温度变形、应力集中，使混凝土产生裂缝，留下渗漏的隐患。

2. 施工原因

变形缝设置处理不当的原因如下。

（1）根据设计要求应设变形缝，如后浇缝，一般要经 40~60 d 才能施工。工期延长，如果因基层清理或浇捣不好会留下渗漏隐患；再如沉降缝，一般要到主楼封顶后才能施工，这样工期更长；如施工不当也会留下渗漏隐患。

（2）不平施工缝施工不当造成隐患。

根据现行施工惯例，施工底板时外墙板施工高度为 30~50 cm，再加设一道止水片，由于底板混凝土施工多采用商品混凝土，坍落度较大，外墙板混凝土如一次振捣密衬往往较差，二次振捣给施工管理上带来了一些困难，所以这一水平施工缝处理不当往往成为渗漏的隐患。再者，墙板施工缝处 30 cm 凸墙与底板一起在养护期完成了大部分干缩与冷缩，使新浇的墙板缝结合后收缩受到了下部约束，在 30 cm 凸缝以上易产生墙裂缝。

（二）防水卷材施工

地下防水层的防水方法有两种，即外防水法和内防水法。外防水法分为"外防外贴法"和"外防内贴法"两种施工方法。一般情况下大多采用外贴法。

外贴法与内贴法相比较，其优点是：防水层不受结构沉陷的影响；施工结束后即可进行试验且易修补；在灌筑混凝土时，不致碰坏保护墙和防水层，能及时发现混凝土的缺陷并进行补救。但其施工期较长，土方量较大且易产生塌方现象，不能利用保护墙做模板，转角接槎处质量较差。地下工程的卷材防水层应选用高聚物改性沥青类或合成高分子类防水卷材，同时，卷材防水层在地下工程施工中要有一定的施工条件要求。

基坑周围的地面水应加以排除或控制，使其不流入基坑，同时要准备好排水措施，以防基坑中雨水积聚。

用冷粘法施工的卷材防水层，施工完毕后还需留下排水装置，继续排水 7 d 以上，以保证胶粘剂的充分固化，避免因过早撤掉排水装置而导致地下水上升到防水层、水压顶开卷材搭接部位的胶粘剂和密封膏，造成渗漏或鼓泡现象。

（三）防水混凝土施工

在防水措施各个环节中，防水混凝土的施工容易发生一些纰漏。防水混凝土不仅是工程的主体结构，它的不裂不渗也是工程防水的基本保证和根本防线，因此，防水砼施工应是施工关注的重点。

1. 对于施工缝的处理

施工缝是混凝土的薄弱环节，也是地下工程比较容易出现问题的部位，假如施工缝处理不当的话，非常容易形成渗漏水的现象。

按照规范的规定，墙体水平施工缝应留在高出底板表面不少于 300 mm 的墙体上，施工缝防水的构造形式主要有设置 Bv 遇水膨胀止水条和中埋钢板止水带两种。设置 Bv 止水条是近年来的一种新工艺，主要有操作简单、施工速度快等优点。

防水混凝土应连续浇筑，应该少留施工缝，尤其是顶板、底板更不宜留设施工缝，墙体必须留设施工缝时，只准留水平施工缝，并应留在高出底板面不小于 300 mm 的墙体上；拱墙结合的水平施工缝宜留在拱墙接缝线以下 150～300 mm 处。施工缝两侧的混凝土浇筑时间间隔不能太久，以免接缝处新旧混凝土收缩值相差太大而产生裂缝。而且，为使接缝严密，浇筑前应对缝面进行凿毛处理，清除浮粉和杂物，用水冲洗干净，保持湿润，再铺 20～25 mm 厚水泥砂浆一层或混凝土界面处理剂，并及时浇筑混凝土。

2. 防水砼质量

原材料质量是防水砼质量是否符合要求的前提，并且要做到准确的搅拌计量。砼如采用现场搅拌，配料系统使用前期必须进行校验。人工添加膨胀剂及粉煤灰时，必须对操作人员进行交底和培训，务必要添加准确，误差应 ≤ 0.5%。加入粉煤灰和膨胀剂后的砼搅拌时间应比普通砼延长 30 s，保证各种材料拌合均匀，发挥出各自作用。

砼开裂对渗漏水会造成重大影响，令施工单位十分头痛，除了设计上保证合理配筋外，施工中的准确计量也是关键；U 型膨胀剂能限制和补偿砼的开裂，但搅拌站如不按配合比例掺入足够的 U 型膨胀剂，造成砼的膨胀和防水效应低下，将不可能起到应有的作用来满足工程需要，因此，必须确保各种材料尤其是 U 型膨胀剂的准确计量。

3. 穿墙管道和螺栓

穿墙管道和螺栓必须按规范要求焊接止水环，并要保证焊缝的质量，以免漏焊和夹渣为渗水提供了通道。支模时，应在穿墙螺栓端头迎水面侧设一方形木块，宽约 50 mm，厚 20~30 mm，浇在砼中的迎水面表层，当砼浇完并达到一定强度后，挖去木块，再平砼截去穿墙螺栓，用膨胀砂浆抹平墙面处理以保护水不锈蚀螺栓。

五、屋面防水工程

屋面防水应遵循"合理设防、放排结合、因地制宜"的原则，做好防水和排水工作，进而维护好环境。

刚性防水屋面的结构层宜为整体现浇，当用预制钢筋砼空心板时，盖屋面板用 0# 砂浆座浆，应用 C20 的细石砼认真灌缝，并且灌缝的砼应掺微膨胀剂，每条缝均做两次灌密实，当屋面板缝宽大于 40 mm 时，缝内必须设置构造钢筋，板端穴缝隙应进行密封处理，初凝后，必须养护一周，放水检查有无渗漏现象，如发现渗漏应用 1∶2 砂浆补实。

1. 分格缝的设置及做法

分格缝应设置在屋面板的支承端，屋面转折处、防水层与突出屋面的交接处，并应与屋面板缝对齐，使防水层因温差的影响，砼干缩结构变形等因素造成的防水层裂缝，集中到分格缝处，以免板面开裂。分格缝的设置间距不宜过大，当大于 6 m 时，应在中部设一"V"形分格缝，分格缝深度宜贯穿整个防水层厚度。当分格缝兼作排气道时，缝可适当加宽，并设排气孔出气，当屋面采用石油、沥青、油毡作防水层时，分格缝处应加 200~300 mm 宽的油毡，用沥青胶单边点贴，分格缝内嵌填满油膏。

2. 屋面找平层做法

屋面采用建筑找坡与结构找坡相结合的做法。先按 3% 的结构找坡后，再在结构层上用 1∶6 水泥炉渣或水泥膨胀砼石找坡，再做 25 mm 厚 1∶2.5 水泥砂浆找平层，建筑找坡时，一定要找准泛水坡度，流水方向，将最高点与泄水口之间用鱼线拉直、打点、打巴、泄水口处厚度不得低于 30 mm。浇砌时，一定要用滚筒和尺方滚、压赶、使其密实，防水层施工温度选择 5℃以上为宜。

以上从地下及屋面防水方面分析了施工中存在的一些问题，当然，防水施工中还存在着其他方面的问题，地下室及屋面防水固然重要，但也不能忽视室内卫生间及外墙渗漏等方面的防水问题，要想解决施工中所有的防水问题，只有在施工过程中把好材料关及施工工艺技术，才能从根本上解决防水渗漏问题。

第八节 装饰工程

随着经济社会的不断发展和生活水平的逐渐提升，民众对于居住环境的要求还有建筑装饰的是否科学合理的要求日益增加，当前阶段的建筑装饰装修已经不再是简单的确保建筑基本使用性能，而是希望通过装饰装修，使得居住环境的安全性、舒适性、环保性以及美观性等各方面的要求都能得到满足。

由于建筑装饰装修工程施工相对而言较为复杂，牵涉到许多工序、材料、机械以及施工人员，因此如何采取有效措施来控制建筑装饰装修工程施工质量是施工企业面临的重要问题。怎样利用现有的质量管理技术以及方法来提升建筑装饰工程效果，是各个施工单位工作的重中之重。

一、建筑装饰装修工程施工特点

随着我国经济的迅速发展与人民物质文化生活水平的不断提高，人们更有意识地追求建筑空间的具有创意的装修设计。实现这些具有艺术效果的装修设计，只有通过装饰工程来实现。

（一）建筑装饰是为保护建筑物的主体结构

完善建筑物的实用功能，采用装饰材料，对建筑的内外表面与空间进行相关处理的过程；装饰工程具有分工细、工具使用集中、工期短、施工工序讲求节奏与配合、人员素质参差不齐、流动性大等特点，给建筑装饰施工的技术管理带来了很大困难，甚至会影响房屋结构。

因此，在建筑装饰工程施工中，加强对施工技术的管理，发挥施工设备及技术人员的潜力，才能使装饰工程顺利施工，进而不断提升施工技术水平，确保装饰工程工期、质量满足要求。加强装饰工程施工技术管理，可以不断提高装饰企业的施工技术水平，提升企业对外形象以及核心竞争力，所以，装饰企业应当加强对施工技术管理的重视程度。

建筑装饰工程是集艺术、技术、科学为一体的工程，它在建筑工程中属于后期处理工程。随着我国经济社会的不断向前发展和人们不断提升地对物质文化生活方面的需求，对建筑装饰工程在艺术、技术、科学等方面提出了更高的要求。建筑装饰工程是先对建筑进行装饰设计，客户满意后再进行施工的过程，其自身的特点决定了装饰工程创新设计与施工的构成；建筑装饰工程所做的工作不光是对建筑物进行美化，而且还需要考虑环境艺术美化；不仅要求室内设计相协调，而且对室内空间整体性有一定的要求，需要考虑室内的装饰和陈设等。随着人们对于环保的重视，装饰工程中所用的新工艺、新机具、新技术、新材料等也向着环保的方向发展，进而使得建筑装饰工程和现代艺术、技术、科学等的关系更加密切。

（二）建筑装饰装修工程是建筑施工中的一个重要环节

其施工过程具有诸多特点，首先需要了解并掌握装饰施工特点，只有这样才可以更加有效地去指导装修质量控制。

1. 建筑装饰装修工作是在完成主体结构之后才实施的工作

所以，装饰装修施工效果会直接受到建筑主体结构施工质量优劣的影响。在装饰装修工程正式施工之前，需要检查主体结构质量，确保主体结构质量达标之后才能进入装饰装修环节。

2. 装修工程大部分情况下都是在建筑室内进行的

室内的空间和环境会直接限制整个装饰装修工程的实施，因此，在安排装饰工程施工工序的时候应该充分考虑施工现场的限制问题，通过工序的平行、搭接、交叉等方式，来完成合理的装饰施工。但是，因为建筑装饰装修施工工序搭接，再加上现场人员和材料比较多，直接决定了建筑装饰施工现场管理趋于复杂。

3. 建筑装饰装修施工通常情况下周期相对较短

质量要求以及施工精细化程度也很高，当前虽然已经使用了很多的机械化手段来帮助施工，但是在具体操作过程中受到各方面的限制，装饰装修施工现场还必须以人工作业为主，这无疑使得装饰装修工程施工现场质量管理变得更加困难。

随着先进的科学技术不断转变为社会生产力，也促进了社会生产力的提高和社会各方面的变化，信息传播技术不断发展，使得世界变得越来越小，作为建筑装饰施工企业，应当不断对最新的科技动态和信息进行收集整理和比较，以便能够利用最新的材料、工艺以及施工技术。建筑装饰企业可以通过每年的各种技术博览会进行相关信息的收集，互联网以及各种专业期刊上也有相关的信息，这些信息对于提升企业的施工技术水平有很大的帮助。

二、建筑装饰装修工程施工质量控制要点分析

1. 墙面装饰工程质量控制

在对墙面装饰进行施工的时候，主要的工序有抹灰、涂装以及裱糊和软包等。在墙面抹灰的时候，首先必须要清理基层，确保基层平整以及干净，再在基层上面洒水进行润湿；如果表面存在明显的凹凸位置应该事先采取措施刮平或者是用 1：3 的水泥砂浆进行抹平。在墙面抹灰的过程中，宜采取分层抹灰形式进行施工，同时确保每一层厚度控制在 5~7 mm 范围内，总的抹灰层厚度控制在 25 mm 左右。完成抹灰工序之后必须确保表面的平整性，没有脱层和空鼓现象，确保基层与抹灰层之间连接紧密。

2. 吊顶装饰施工质量控制

对于吊顶装饰，在安装龙骨之前，应该结合设计要求以及房间具体情况对房间净高、吊顶内管道设备和支架标高以及洞口标高进行准确测量；弹出顶棚标高水平线，也就是在四周墙上按照吊顶设计标高弹线；画出龙骨分档位置线。

在龙骨安装的时候，必须根据设计要求对龙骨位置及其间距进行合理布置，如果设计图纸中没有特殊说明，龙骨起拱高度一般都是按照房间短向跨度的 0.1%~ 0.3% 范围内进行起拱。应该紧贴着主龙骨来安装次龙骨，确保各个龙骨和吊杆之间的距离不超过 300 mm，如果超过了 300 mm，为了确保龙骨的稳定性，应增加吊杆。

3. 地面装饰工程质量控制

地面装饰又涵括了地面层和楼面层装饰施工，在对地面装饰进行施工的时候采取先地下后地上的原则，以避免地下工程施工影响到地上施工。首先检查地面下的暗管、沟槽等工程是否满足质量要求，之后再进行建筑地面工程施工；应该在室内装饰工程基本完工之后再对各类面层进行铺设；地面装饰主要的质量控制点就是各面层铺设的平整度、坡度和连接缝的整齐度和流畅度等。

4. 轻质隔墙装饰工程质量控制

在建筑中轻质隔墙所起的作用就是空间分割，对轻质隔墙进行施工时重点不在其承重方面，而应该更加注重其噪声隔离以及空间隔离效果。在施工的时候，应该根据设计图纸在需要施工的部位进行放线，在此基础上来固定轻质隔墙，并对一些特殊节点进行后期处理。

在施工的时候一定要确保龙骨和基体结构之间连接牢固，垂直度和平整度满足要求，交接处位置精确且平直，接缝应严密。针对有特殊要求的墙面，

如斜面、曲面等，应该综合考虑具体情况结合设计要求来安装龙骨以及面板。

三、建筑装饰装修工程施工质量控制方法

（一）做好施工前的准备工作

在正式施工之前，应该根据施工组织设计要求准备好人员、材料以及器械等，确保施工顺利进行。首先应该组织各管理人员以及施工人员对设计施工图纸实施会审，让各层人员都明确掌握具体施工要求。施工需要的人员、材料以及器械数量应该根据施工组织设计来确定，在此基础上制定合适的采购安排，还需要计划好各类材料和机械的进场时间。

在图纸会审过程中，如果有任何问题，都必须要和相关设计单位进行沟通，然后结合设计单位修改意见来调整装饰施工计划。技术管理人员必须要在设计施工图纸的基础上制定出具体施工组织方案，用该方案来调配各操作人员并指导施工。

在装饰工程开工前，工程的负责人应当组织企业的相关技术人员对施工现场进行勘察，提倡施工技术民主，以工程标书中的施工组织设计为基础，来研究装饰工程施工的总体方案以及施工总体布置，发现不合理的地方应及时要求相关工程技术人员进行修改，进而使施工组织设计得到完善，提升施工技术方案的可操作性、先进性并且达到经济合理的要求。

开工前应当做好工程技术交底以及施工组织设计，这是有效控制施工成本、进度、质量的前提条件。不同工期、技术含量、施工环境条件以及不同的季节、地区等因素，都有可能造成工程技术交底以及施工组织设计出现纰漏，导致装饰工程施工难以顺利进行，因而施工技术管理人员应当格外注重施工前期的技术管理。

（二）施工过程中控制好各个工序质量

在装饰装修工程施工过程当中，需要及时对工序质量进行检查，以此来确保装饰工程的施工质量。

（1）在选择施工材料时，应该优先选择无毒害、环保型的装饰材料，从而提升装饰工程施工效果。

（2）综合考虑实际装饰工程特点，明确需要重点检查的工序，这些工序是施工过程中需要重点控制的对象，如一些会对总体装修质量产生影响的工序，各吊顶龙骨的安装以及各层墙体基层与抹灰质量等，完成好上述这些工序之后必须安排专业人员对其施工质量进行检测，满足要求之后才可以进入

下一环节。

检查过程中如果发现质量问题，则需要及时采取有效措施对问题进行处理。

（三）强化装饰工程材料质量控制

装饰装修工程的材料优劣程度之间决定了整个装饰工程的施工质量，所以必须要强化针对施工材料质量的控制。在采购装饰材料之前，首先需要制定材料采购计划，选择材料供应商时采取招标的方式进行，由于目前市场上装饰材料良莠不齐，必须要确保施工材料质量能够满足施工要求。此外，还需要注重材料的环保性，宜选取那些优质环保无污染的材料，以满足人们对于环保的需求。

在材料进场的时候必须要严格检查其是否有出厂合格证，此外，还需要按照相关规范程序对材料质量进行检测，只有检测合格的材料才可以进入施工现场。材料进场之后还需要注重其质量管理，采取有效措施对施工材料进行养护，防止堆放期间发生变质问题。

在领用材料时，需要制定科学合理的领用计划，尽可能用最少的材料来达到相关施工要求。还需要注意的是，在完成好每个施工工序之后，应该采取有效措施对成品实施保护，比如完成好墙面装饰施工以后，对地面装饰进行施工的时候，应该对地面施工范围进行合理界定，尽可能保护好已经完成的工程质量。

（四）对操作人员组织培训

一线施工人员的基本素质以及实地操作能力会直接影响到装饰工程施工质量，因此提升整个建筑装饰装修工程施工质量的基础就是提升施工人员的技术水平，所以，施工企业有必要对施工操作人员组织培训以提升他们的施工水平。特别是对装饰行业来说，通常施工工序较为复杂，如果装饰施工人员的专业素质不高就很难达到要求的施工效果。

一方面，企业在选择施工人员的时候需要进行甄别，对于进入工作岗位的员工在正式施工之前需要针对基本操作能力实施培训，经过考核满足上岗要求之后才可以正式上岗作业。

另一方面，为了提升施工人员的工作积极性，应该采取奖惩措施，奖励那些施工质量优良的员工；相反地，如果施工过程中经常出现质量问题，应该对其进行惩罚，严重时予以辞退。

1.培养人才是提高装饰施工企业技术管理水平的基础

人才专业结构的合理配置已成为装饰企业发展规划的重点。人才的综合素质越高,装饰施工企业的发展潜力和市场竞争力就越大。因此,在装饰施工企业的发展战略下,制定技术管理人员的发展规划及实施办法,有计划、有侧重地逐步培养和使用人才,并加强自身的技术与管理知识的不断更新,使装饰施工企业的人才资源得到合理配置,发挥出装饰施工企业的最大竞争力,提高装饰工程的整体施工质量。

2.建筑企业不断提升施工技术管理水平的方法就是培养人才、发现人才

建筑装饰企业所缺少的就是既懂技术又懂管理的复合型人才,对于企业人才结构进行有效地配置已逐渐成为企业在发展规划中所关注的重点。如果建筑装饰企业的施工技术人员自身素质较高,对于提升该公司在市场上的竞争力和发展潜力很有帮助。

出于以上考虑,装饰施工企业应当重视企业内部技术人员的培养,针对不同的技术人员制定有针对性的培养计划,有侧重、有计划的培养、使用、招聘人才,不断加强自身管理知识以及施工技术的水平的提高,进而对建筑装饰企业的人才进行有效地配置,不断提升建筑装饰企业在市场的竞争力和潜力,从而获得更大的市场空间,带动企业不断向前发展。

(五)采用先进手段跟踪装饰施工过程

由于装饰装修施工具有施工工序复杂、人员众多的特点,可以利用信息化手段来模拟和跟踪控制施工过程。

(1)在正式施工以前,可以利用三维软件来模拟装饰过程,以此来检查施工工序是否合理,并在此基础上设置重点工序。在具体施工时,可以利用信息化手段来控制和检查施工现场状况,以此来确保施工质量。利用信息平台,各管理人员和施工人员之间能够实现实时沟通,大大提升了工作效率,方便任务的下达以及问题的反馈具有现实意义。

(2)与传统的装饰施工技术相比,现代的装饰技术已经发生了巨大的变化,出现这种现象的原因是由于新工艺、新材料、新设备的不断使用。随着纳米技术的发展,涂料工业也会相应地发生巨大变化,新型环保的涂料产品可能在不久的将来不断出现,这样与涂料相关的施工技术、工艺等也将出现巨大的变化。

(3)目前网络技术和计算机不断应用于装饰工程中,装饰效果的设计、工程预算的制定都在广泛应用计算机;装饰工程技术管理人员,应当不断运用计算机网络以便能够实现计算机自动化管理,同时提升网络化管理的层次。装饰企业若想实现不断向前发展,就要敢于和积极的应用各种新材料、新工艺、系技术,对于那些经常使用的节能、高效、环保、安全的技术和产品,

应当对其优先使用，从装饰工程前期应积极主动地向业主推荐，在装饰设计时应尽量使用这些产品和技术，进而使这些产品和技术成为企业的优势所在。

同时，装饰工程施工企业对于新材料、新工艺、新技术要有一定的预见性。在一定的经济环境或者时段内，一些技术产品和技术不被业主看好，这种情况的出现只能是暂时的，从先进技术的出现到使用都有一个过程，优秀的产品和技术最终还是会成为主流，哪家企业能够更好地把握这种状况，哪家企业就有可能在未来的市场中占据更大的市场份额。

（六）增强施工技术管理人员的权利和职责

建筑装饰工程施工企业应当不断建立完善各级技术责任制和技术管理机构，明确各个施工技术管理人员所具有的权利和职责；企业应当不定期地对施工技术管理人员进行国家现行的规范以及行业标准的学习，特别是关于施工质量验收相关规范和标准的学习，使施工中质量标准、施工方法、每个分项工程、分部工程的相关技术要求得到明确，进而有效地进行装饰工程项目的施工、质量鉴定和工程验收等。

装饰企业内部应当提倡技术民主，激励施工技术人员对施工工艺、施工方法的创新，定期开展与企业相关的质量管理活动，不断探索施工技术中存在的问题，积极鼓励技术人员对这些问题进行探索、探究和推广新兴的施工技术、施工方法，进而使企业的施工技术管理水平得到提高。

（七）注重工程质量和技术资料的检查

装饰工程施工质量是否达标，相关的技术资料是否齐全，直接反映了项目经理和施工企业的管理水平，同时也是工程质量验收部门进行施工质量评判的依据。所以，装饰工程施工企业应当注重对装饰工程质量和相关技术资料的跟踪检查。跟踪检查可以对施工技术是否得当，施工组织设计的效果、质量评定记录、分项工程的质量、施工质量资料等进行有效地监督，使建筑装饰工程能够有序地进行，确保工期、工程质量以及成本控制满足要求。

建筑装饰工程施工企业可以实行班组互检、个人自检、工序交接检查模式同项目经理、质检员、班组长的检验模式进行有效地结合；对于施工过程中发现的问题，要及时采取措施进行整改；质检员要对整改过程进行监督，确保问题得到有效地纠正。通过奖罚和检查措施，可以使装饰工程的施工人员认识到自己的不合规程的行为会给企业带来的损失；敷衍了事的工作态度可能会导致企业失去市场，进而影响企业的生存发展；要让现场技术管理人员认识到自己的技术管理职责没有到位，可能会导致工程质量不合格、相关技术资料不齐全，会使企业的发展受到影响。

（八）技术管理工作一定要不断地改进完善管理方式和内容

若装饰企业只有设计与施工的技术力量而疏于对技术的管理，则企业的真正技术实力也不能得到充分的发挥，质量的保证、工期的控制和企业的经营效益都将会受到影响，企业应有的竞争优势也得不到充分的体现，这样就限制了装饰装修企业可持续发展的战略目标的实现。因此，装饰企业的管理者必须对技术管理工作予以足够的重视，在装饰工程项目上加强技术管理工作，才能实现企业的可持续发展。

随着我国经济社会的发展，装饰工程行业也蓬勃发展起来，面对不断发展的市场，建筑装饰工程施工应更加注重技术上的管理，加强对施工技术管理人员能力的培养，增强施工技术管理人员的权利和职责，注重装饰工程施工前的技术管理，积极应用新技术、改造旧技术，注重工程质量和技术资料的检查，进而保证装饰工程施工技术管理到位，确保工程施工质量。

各施工单位要提升本身的装饰装修施工水平，首先必须明确对建筑装饰装修工程施工质量控制的要点。在此基础上，做好建筑施工准备工作，严格控制好施工材料质量，针对施工人员组织相关培训，采取有效措施调动他们工作积极性，此外，还可以利用信息化手段来模拟和跟踪控制施工过程。

第五章 建筑防火设计研究

在建筑设计中应采取防火措施，以防火灾发生或减少火灾对生命财产的危害。

第一节 结构构件的防火等级

各国的防火规范都针对建筑物的具体部位明确地规定了各类结构构件的防火分级。如我国的防火规范给出的是耐火极限概念，即对摹筑构件进行耐火试验，从受到火的作用起，到构件丧失支持能力或背火一面温度升高到220℃时止，这段时间被称为构件的耐火极限（用小时表示）。在我国规范的附录中还列出了部分材料制成的构件的耐火极限值。在法国的防火规范中，对构件的防火分级做得比较细致和科学，将所有的结构构件均划分为下面的三类。

（一）"稳定于火"级，用符号 SF 来表示

法国对划入这级的结构构件，当受到火的攻击时，应在规定的时间内保持其原有的力学强度指标和不产生失稳现象。在防火规范中，根据建筑物的重要性的不同，把这类构件稳定于火的时间分别定为 0.5，1，1.5……6 小时等。设计者可根据具体情况采用所需的时间值去设计相应的结构。

（二）"防火"级，用符号 PF 来表示

这级的要求比上一级严格，它要求构件在满足上条的前提下尚应保证在规定的时间内不使着火那一空间内的火焰和热瓦斯蔓延到另一未着火的空间中去，即其有着较好的密封性。但此时这些构件不具备较好的热绝缘性，防火的时间同样在 0.5～6 小时之间划分。

（三）"断火"级，用符号 CF 表示

此级的要求最严，它规定构件在满足上述两条要求的前提下，尚应保证

在规定的时间内不使已着火空间的高热传导到未着火的空间内，即要同时满足力学，密封和热绝缘三种要求，所要求的断火时间分格同上。

法国确定建筑物的耐火等级主要考虑以下几个方面的因素。

1. 建筑物的重要性

2. 建筑物的火灾危险性

3. 建筑物的高度

4. 建筑物的火灾荷载

按照我国国家标准《建筑设计防火规范》，建筑物的耐火等级分为四级。建筑物的耐火等级是由建筑构件（梁、柱、楼板、墙等）的燃烧性能和耐火极限决定的。一般说来：

一级耐火等级建筑是钢筋混凝土结构或砖墙与钢混凝土结构组成的混合结构；

二级耐火等级建筑是钢结构屋架、钢筋混凝土柱或砖墙组成的混合结构；

三级耐火等级建筑物是木屋顶和砖墙组成的砖木结构；

四级耐火等级是木屋顶、难燃烧体墙壁组成的可燃结构。

建筑构件主要包括建筑内的墙、柱、梁、楼板、门、窗等，一般来讲，建筑构件的耐火性能包括两部分内容：燃烧性能和耐火极限。耐火建筑构配件在火灾中起着阻止火势蔓延、延长支撑时间的作用。

一、建筑构件的燃烧性能

建筑构件的燃烧性能，主要是指组成建筑构件材料的燃烧性能。材料的燃烧性能，有些已得到共识而无须进行检测，如钢材、混凝土、石膏等，但有些材料特别是一些新型建材，则需要通过试验来确定其燃烧性能。除有一些特别规定外，大部分建筑材料的燃烧性能可按 GB8624 等相关标准确定。通常，我国把建筑构件按其燃烧性能分为三类，即不燃性、难燃性和可燃性。

（一）不燃性

用不燃烧性材料做成的构件统称为不燃性构件。不燃烧材料是指在空气中受到火烧或高温作用时不起火，不微燃，不炭化的材料。如钢材、混凝土、砖、石、砌块、石膏板等。

（二）难燃性

凡用难燃烧性材料做成的构件或用燃烧性材料做成而用非燃烧性材料做保护层的构件统称为难燃性构件。难燃烧性材料是指在空气中受到火烧或高温作用时难起火、难微燃、难炭化，当火源移走后燃烧或微燃立即停止的材料。如沥青混凝土，经阻燃处理后的木材、塑料、水泥、刨花板、板条抹灰墙等。

（三）可燃性

凡用燃烧性材料做成的构件统称为可燃性构件。燃烧性材料是指在空气中受到火烧或高温作用时立即起火或微燃，且火源移走后仍继续燃烧或微燃的材料。如木材、竹子、刨花板、保丽板、塑料等。

为确保建筑物在受到火灾危害时，一定时间内不垮塌，并阻止、延缓火灾的蔓延，建筑构件多采用不燃烧材料或难燃材料。这些材料在受火时，不会被引燃或很难被引燃，从而降低了结构在短时间内被破坏的可能性。这类材料如混凝土、粉煤灰、炉渣、陶粒、钢材、珍珠岩、石膏以及一些经过阻燃处理的有机材料等不燃或难燃材料。在建筑构件的选用上，总是尽可能不增加建筑物的火灾荷载。

二、建筑构件的耐火极限

（一）耐火极限的概念

耐火极限是指建筑构件按时间—温度标准曲线进行耐火试验，从受到火的作用时起，到失去支持能力或完整性或失去隔火作用时止的这段时间，用小时（h）表示。

其中，支持能力是指在标准耐火试验条件下，承重或非承重建筑构件在一定时间内抵抗垮塌的能力；耐火完整性是指在标准耐火试验条件下，建筑分隔构件当某一面受火时，能在一定时间内防止火焰和热气穿透或在背火面出现火焰的能力；耐火隔热性是指在标准耐火试验条件下，建筑分隔构件当某一面受火时，能在一定时间内其背火面温度不超过规定值的能力。

（二）影响耐火极限的要素

在火灾中，建筑耐火构配件起着阻止火势蔓延扩大、延长支撑时间的作用，它们的耐火性能直接决定着建筑物在火灾中的失稳和倒塌的时间。影响建筑构配件耐火性能的因素较多，主要有：材料本身的属性、构配件的结构特性、材料与结构间的构造方式、标准所规定的试验条件、材料的老化性能、火灾种类和使用环境要求等。

1. 材料本身的属性

材料本身的属性是构配件耐火性能主要的内在影响因素，决定其用途和适用性，如果材料本身就不具备防火甚至是可燃烧的材料，就会在热的作用下出现燃烧和烟气，建筑中可燃物越多，燃烧时产生的热量越高，带来的火灾危害就越大。建筑材料对火灾的影响有四个方面：

一是影响点燃和轰燃的速度；

二是火焰的连续蔓延；

三是助长了火灾的热温度；

四是产生浓烟及有毒气体。

在其他条件相同的情况下，材料的属性决定了构配件的耐火极限，当然还有材料的理化力学性能也应符合要求。

2. 建筑构配件结构特性

构配件的受力特性决定其结构特性（如梁和柱），不同的结构处理在其他条件相同时，得出的耐火极限是不同的，尤其是节点的处理如焊接、铆接、螺钉连接、简支、固支等方式；球接网架、轻钢桁架，钢结构和组合结构等结构形式；规则截面和不规则截面，暴露的不同侧面等；结构越复杂，高温时结构的温度应力分布越复杂，火灾隐患越大。因此，构件的结构特性决定了保护措施选择方案。

3. 材料与结构间的构造方式

材料与结构间的构造方式取决于材料自身的属性和基材的结构特性，即使使用品质优秀的材料，当构造方式不恰当时同样难以起到应有的防火作用。

例如，厚涂型结构防火涂料在使用厚度超过一定范围后就需要用钢丝网来加固涂层与构件之间附着力；薄涂型和超薄型防火涂料在一定厚度范围内耐火极限达不到工程要求，而增加厚度并不一定能提高耐火极限时，可采用在涂层内包裹建筑纤维布的办法来增强已发泡涂层的附着力，提高耐火极限，满足工程要求。

4. 标准所规定的试验条件

标准规定的耐火性能试验与所选择的执行标准有关，其中包括试件养护条件、使用场合、升温条件、实验炉压力条件、受力情况、判定指标等。在试件不变的情况下实验条件越苛刻，耐火极限越低。虽然这些条件属于外在因素，但却是必要条件。任何一项条件不满足，得出的结果均不科学准确；不同的构配件由于其作用不同会有试验条件上的差别，由此得出的耐火极限也有所不同。

5. 材料的老化性能

各种构配件虽然在工程中发挥了作用，但能否持久地发挥作用需要所使用的材料具有良好的耐久性和较长的使用寿命，这方面我们的研究工作有待深化和加强，尤其以化学建材制成的构件，防火涂料所保护的结构件最为突出。因此，建议尽量选用抗老化性能好的无机材料或那些具有长期使用经验的防火材料作防火保护。对于材料的耐火性能衰减应选用合理的方法和对应产品长期积累的应用实际数据进行合理的评估，使其在发生火灾时能根据其使用年限、环境条件来推算现存的耐火极限，从而为制定合理的扑救措施提供参考依据。

6. 火灾种类和使用环境要求

应该说，由不同的火灾种类得出的构配件耐火极限是不同的。构配件所在环境决定了其耐火试验时应遵循的火灾试验条件，应对建筑物可能发生的火灾类型作充分的考虑，引入设计程序中，从各方面保证构配件耐火极限符合相应耐火等级要求。现有的已掌握的火灾种类有：

普通建筑纤维类火灾、电力火灾、部分石油化工环境及部分隧道火灾、海上建构筑物、储油罐区、油气田等环境的快速升温火灾、隧道火灾。

我国现有工程防火设计中对构件耐火性能的要求大多数都是以建筑纤维类火灾为条件而确定的，当实际工程存在更严酷火灾发生的环境时，按普通建筑纤维类火灾进行的设计不能满足快速升温火灾的防火保护要求，因此，应对相关防火措施进行相应的调整。

（三）不同耐火等级建筑中建筑构件耐火极限的确定

建筑构件的耐火性能是以楼板的耐火极限为基准，再根据其他构件在建筑物中的重要性以及耐火性能可能的目标值调整后确定的。根据火灾的统计数据来看，88% 的火灾可在 1.5 h 之内扑灭，80% 的火灾可在 1h 之内扑灭，因此将一级建筑物楼板的耐火极限定为 1.5 h；二级建筑物楼板的耐火极限定为 1 h；以下级别的则相应降低要求。

其他结构构件按照在结构中所起的作用以及耐火等级的要求而确定相应的耐火极限时间。例如，对于在建筑中起主要支撑作用的柱子，其耐火极限值要求相对较高，一级耐火等级的建筑要求 3.0 h，二级耐火等级建筑要求 2.5 h。这样的要求，对于大部分钢筋混凝土建筑来说都可以满足，但对于钢结构建筑，就必须采取相应的保护措施方可满足耐火极限的要求。

三、建筑耐火等级要求

耐火等级是衡量建筑物耐火程度的分级标准。规定建筑物的耐火等级是建筑设计防火技术措施中的最基本的措施之一。对于不同类型、性质的建筑物提出不同的耐火等级要求，可做到既有利于消防安全，又有利于节约基本建设投资。

在防火设计中，建筑构件的耐火极限是衡量建筑物的耐火等级的主要指标。建筑耐火等级是由组成建筑物的墙、柱、楼板、屋顶承重构件和吊顶等主要构件的燃烧性能和耐火极限决定的。耐火等级分为一、二、三、四级。由于各类建筑使用性质、重要程度、规模大小、层数高低和火灾危险性存在差异，所要求的耐火程度有所不同。

（一）厂房和仓库的耐火等级

厂房、仓库主要指除炸药厂（库）、花炮厂（库）、炼油厂外的厂房及仓库。厂房和仓库的耐火等级分一、二、三、四级，相应建筑构件的燃烧性能和耐火极限。

厂房、仓库的耐火等级、建筑面积、层数等与其生产或储存的类型有着密不可分的关系。对于甲、乙类生产或储存的厂房或仓库，由于其生产或储存的物品危险性大，因此这类生产场所或仓库不应设置在地下或半地下，而且对这类场所的防火安全性能的要求也较之其他类型的生产和仓储要高，在设计、使用时都应特别加以注意。

（二）民用建筑的耐火等级

民用建筑的耐火等级也分为一、二、三、四级。

1. 民用建筑的耐火等级

应根据其建筑高度、使用功能、重要性和火灾扑救难度等确定，并应符合下列规定。

（1）地下或半地下建筑（室）和一类高层建筑的耐火等级不应低于一级；

（2）单、多层重要公共建筑和二类高层建筑的耐火等级不应低于二级。

2. 建筑高度大于 100 m 的民用建筑

其楼板的耐火极限不应低于 2.00 h；一、二级耐火等级建筑的上人平屋顶，其屋面板的耐火极限分别不应低于 1.50 h 和 1.00 h。

3. 一、二级耐火等级建筑的屋面板

应采用不燃材料，但屋面防水层可采用可燃材料。

4. 二级耐火等级建筑内

采用难燃性墙体的房间隔墙，其耐火极限不应低于 0.75 h；当房间的建筑面积不大于 100 m^2 时，房间的隔墙可采用耐火极限不低于 0.50 h 的难燃性墙体或耐火极限不低于 0.30 h 的不燃性墙体。

二级耐火等级多层住宅建筑内采用预应力钢筋混凝土的楼板，其耐火极限不应低于 0.75 h。

5. 吊顶

二级耐火等级建筑内采用不燃材料的吊顶，其耐火极限不限。三级耐火等级的医疗建筑、中小学校的教学建筑、老年公寓的建筑及托儿所、幼儿园的儿童用房和儿童游乐厅等儿童活动场所的吊顶，应采用不燃材料；当采用难燃材料时，其耐火极限不应低于 0.25 h。二、三级耐火等级建筑中门厅、走道的吊顶应采用不燃材料。

6. 接点

建筑内预制钢筋混凝土构件的节点外露部位，应采取防火保护措施，且节点的耐火极限不应低于相应构件的耐火极限。

第二节 高温下的砼强度

建筑物结构的强度是最基本最重要的力学指标，一般地说，所取的设计值应伴随建筑物的整个使用过程。但在热应力的作用下，砼结构却遭受着一连续的热分解过程，这种分解以决定性的方式改变着结构的力学和热学的性能。

（一）弹性模量的变化

弹性模量是结构稳定性计算要用到的一个重要的物理参数。但它在热作用下同样会随温度的上升而迅速地降低。

试验结果告诉我们，在 50 ℃的温度范围内，砼的弹性模量基本没有下降，之后一直到 200 ℃温度之间砼弹模下降趋势最为明显。自 200 ℃~400 ℃之间变化速度减缓，而自 400 ℃~600 ℃时变化幅度已经很小，可是此时的弹性模量也基本上接近 0。

根据试验结果，有关国家的规范曾规定在 200 ℃时热弹模是普通弹模的50%，到 400 ℃时为 15%，而到 600 ℃时仅为 5%。可以想象弹性模量急剧下降的结果势必要导致整体结构的严重失稳和倒塌。

（二）砼的抗拉强度和膨胀效应

在一般的结构计算中，强度计算常常起控制作用，抗裂度和变形验算常起辅助的验算作用。抗拉强度是砼结构在正常使用阶段计算中要用到的重要物理指标之一。它的特征值高低直接影响构件的开裂、变形和钢筋锈蚀等性能。而在防火设计中，抗拉强度更为重要，它有可能比抗压强度还关键。这是因为，构件过早地开裂会将钢筋直接地暴露于火中并由此产生过大的变形。

从理论上讲，热膨胀势必要导致内应力并由此产生局部的微裂缝，而这

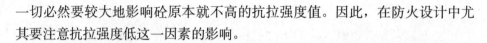

一切必然要较大地影响砼原本就不高的抗拉强度值。因此，在防火设计中尤其要注意抗拉强度低这一因素的影响。

（三）砼的抗压强度

砼抗压试验的一般方法。

1. 将砼放置在高温中

根据需要的时间将其取出进行加荷试验一直到其破坏。从美国、法国和加拿大等国家做的大量试验结果表明了这样一个基本的变化规律：即砼在热力作用下，其抗压强度随温度的上升而逐渐下降，下降规律基本上可用一条直线去描绘。当温度达到 600 ℃时，砼的抗压强度仅是正常温度下强度的 45%；而当温度上升到 100 ℃时强度值变为零。当然在相当一部分的试验中也出现了在 300 ℃以前热砼抗压强度高于普通砼抗压强度的现象。

2. 砂浆和骨料的实验

就目前掌握的资料看，要想从机理上正确地分析上述诸现象的内在关系是十分困难的，不过总是可以寻找出一些影响因素来。砼是一种混合材料，大体上可将其划分为起黏结作用的水泥砂浆和起骨架作用的骨料这两部分。假如我们分别对水泥泥砂浆和骨架料进行热试验，就会发现：

水泥砂浆在 200 ℃之间是以膨胀为主；在 200 ℃ ~ 400 ℃之间时，它又急剧地收缩；在 400 ℃之后，由于其内部的结晶水被大量散失后，它又开始重现膨胀。而对使用于砼中的骨架料而言，它基本的物理现象就是随温度升高而膨胀（很少有收缩）。由此可以想象砼本身的热效应是处于水泥砂浆和骨架料之间的一种中间状态。在高温下，由于砼中材料之间对热量的不相容性，而导致内应力的产生。当温度低于 300 ℃时，这种不相容性极小，甚至是基本相容的。

3. 黏结微裂和抗压强度下降

这就解释了为什么在此温度之前热砼的强度一般不会降低甚至还略有上升这一物理现象。而当温度大于 300 ℃之后，材料间的不相容性开始导致大的内应力并引起内部黏结面的开裂，此后水泥砂装就无法有效地阻止骨架料的膨胀，于是微裂进一步发展扩大，而抗压强度相应地下降。当然，与抗拉状态相比，抗压强度对内部微缝的敏感度远不及抗拉强度，所以在 600 ℃的温度下二者强度下降的速率是有很大差别的。

为了估计单轴压力下和不稳定的热应力下的正常砼强度的变化，国外的一些研究者也曾试图采用运动平衡方程去描述它。但遗憾的是，实际工程构件的受力和约束作态是十分复杂的，而试验结果又证明在有约束下的砼抗压

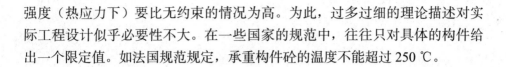

强度（热应力下）要比无约束的情况为高。为此，过多过细的理论描述对实际工程设计似乎必要性不大。在一些国家的规范中，往往只对具体的构件给出一个限定值。如法国规范规定，承重构件砼的温度不能超过 250 ℃。

第三节 保护层厚度对构件耐火度的影响

在火灾中，无论是水平构件，还是垂直构件，最常遇到的是单面受火作用。尤其楼板主要是单面受火，而楼板的受拉面又是受火最常见最关键的部位。为了保证楼板处于长久的正常工作状态，就必须保证钢筋不过早地改变物理性能，因而也就必须知道砼保护层厚度对构件产生的影响。

一、研究保护层厚度影响的实质就是研究砼中温度梯度的变化

结果表明，沿砼深度变化时，温度具有一个梯度即砼中的温度将随其离开迎火面的距离而连续递减的。由此可见，适当加大受拉区砼保温层的厚度是降低钢筋受热温度提高整个构件耐火度的重要措施之一。

二、加厚 2 厘米的砼，可以达到提高一倍防火度的效果

我国四川省消防科学研究所曾对不同保护层厚度的预应力楼板做了耐火试验，结果是：

保护层为 1 cm 的楼板，其耐火极限为 25 min；保护层 2 cm 的楼板，其耐火极限为 40 min；保护层 3 cm 的楼板，其耐火极限为 50 min。

也就是说，在高层建筑设计中，只要其他条件允许，就应尽可能地加大楼板等水平承重构件受拉区的保护层厚度。当然，在客观条件不允许的情况下，也可以在楼板的表面涂抹一层防火涂料，它们同样可以达到延长构件耐火度的效果。

另外，还可以通过在楼板的底面抹水泥砂浆的办法提高构件的耐火极限。

第四节 钢筋在高温下的物理性能

对结构的高温研究是很重要的，钢筋和混凝土在高温下将发生物理、化学等一系列反应，从而引起材料的高温力学性能变化，研究材料的高温性能是从本质上了解结构的高温特性。目前，国内外对钢筋和混凝土高温下的材料性能的研究主要借助于试验手段，通过试验现象来描述反应过程。

钢筋混凝土构件和结构的高温受力性能全过程，通过非线性有限元分析获得准确解，从理论上讲是可能的，但不免有繁复的运算过程。由于现实生活中建筑火灾的不确定性和空间范围的变异性，也由于材料的热工性能和力学性能的多变和离散，其高温—力学结构关系尚不完善，因而理论分析仍难以保证实际意义上的准确性；另一方面，结构和构件在火灾高温作用下的力学性能中最重要的是其极限承载力，也是工程技术人员处理事故中最关心的问题，因为它直接关系到结构的安全性，所以建立具有工程准确度的、概念清晰且简易实用的构件高温极限承载力的计算方法具有重要的意义。

一、钢筋混凝土材料的高温力学性能

1. 混凝土的高温力学性能

（1）混凝土的强度。

混凝土的抗压强度是其力学性能中最基本、最重要的一项指标，常常作为基本参量确定混凝土的强度等级和质量标准，并决定其他力学性能指标，如抗拉强度、弹性模里、峰值应变等的数值。国内外大多通过试验的办法来测得不同温度下的混凝土抗压强度，影响混凝土高温时的抗压强度因素很多，尤其是加热速度、试件负荷状态、水泥用量、骨料性质等。

（2）试验结果。

多年来，世界各国进行了大量的试验研究，试验结果各不相同，但反映的强度变化规律是基本一致的。现有的试验结果表明，混凝土在 300 ℃以下时，其立方体抗压强度与常温下相比，变化很小，仅在 100 ℃左右略有下降；在 200 ℃~300 ℃时与常温下相比还略有升高；当温度超过 400 ℃后，混凝的立方体抗压强度开始迅速下降；温度达到 700 ℃后，混凝土的抗压强度只有常温下的 30%~40%；温度超过 800 ℃后，混凝土的抗压强度下降到仅为常温的 10% 以下。

2. 钢筋的高温力学性能

（1）钢筋的屈服强度。

火灾高温下，钢筋的应力应变曲线没有明显的屈服强度和屈服台阶，钢筋的屈服强度随温度的升高而显著降低；确定其值时，一般取 20 ℃时钢筋屈服强度为参考强度。

（2）钢筋的弹性模量。

钢筋的弹性模量随温度的升高呈线性减小，一般取

$$T=20 ℃$$

钢筋弹性模量为参考弹性模量。

二、火灾高温作用下钢筋混凝土简支梁的极限承载力

钢筋混凝土梁是建筑物重要的承重构件，研究其在火灾作用下的极限承载能力以及采用何种方式准确描述火灾高温对结构构件承载力的影响是目前土木工程界研究的热点问题之一。

计算方法。在计算钢筋混凝土构件火灾高温下极限承载力时，一般忽略截面温度 ≥ 500 ℃的混凝土部分。笔者认为，在计算火灾高温下梁的极限承载力时，这部分混凝土的强度也应加以考虑，且应根据各时刻梁截面温度场及其分布范围，将混凝土分为弹性区和塑性区两部分计算其强度。对于如何恰当地描述火灾场对结构构件极限承载能力的削弱，可以采用等效楼面可变荷载，可使结构构件的计算分析变得直观、清晰。

（一）基本假设

（1）在火灾中根据梁截面内温度场的不同，将混凝土分为弹性区和塑性区两部分；

（2）梁截面温度在 0 ℃～300 ℃范围内的混凝土区域呈弹性特性，抗拉、抗压强度不发生变化，梁截面弹性区内符合平截面假定，受拉、受压区内混凝土的应力沿截面高度呈线性变化；

（3）截面内混凝土温度超过 300 ℃时，抗拉、抗压强度由相应位置处的温度场确定；

（4）梁截面塑性区范围取决于梁截面内温度场的变化。

（二）火灾高温下钢筋混凝土简支梁抗弯、抗剪承载力分析

假设一跨度为l的钢筋混凝土简支梁，截面尺寸为 b×h，梁底部和两侧

同时受到火灾作用。

1.火灾高温下钢筋混凝土梁极限抗弯承载力分析

对于火灾高温作用下，受弯的矩形截面钢筋混凝土简支梁，如果不考虑混凝土抗拉强度，当受拉区钢筋和受压区钢筋及混凝土同时达到屈服极限时，将受压区钢筋和混凝土对受拉钢筋中心取矩得梁正截面极限受弯承载力。

2.火灾高温下钢筋混凝土梁极限抗剪承载力分析

由于塑性区混凝土抗拉强度下降严重，因此，在计算简支梁极限抗剪承载力时，可只考虑弹性区混凝土抗拉强度，对于矩形截面的受弯构件，可得仅配置箍筋时斜截面的极限承载剪力为：

$$V(T) = 0.7f_1'(T)(b-2b_n)h_n + 1.25f_{sv}(T)\frac{A_{sv}}{s}h_0$$

若同时配置箍筋和弯起钢筋时，其斜面的极限承载剪力为：

$$V(T) = 0.7f_1'(T)bh_n + 1.25f_{sv}(T)\frac{A_{sv}}{s}(h-c-a_s) + 0.8f_s(T)A_{sb}\sin\alpha$$

式中，$f_1'(T)$为弹性区混凝土的抗拉强度；$f_{sv}(T)$为箍筋抗拉强度，按$f_s(T)$选用；A_{sv}为配置在同一截面内箍筋各肢的全部截面面积；s为沿构件长度方向的箍筋；A_{sb}为同一弯起平面内的弯起钢筋面积；α为弯起钢筋与构件纵向轴线的夹角。

参考文献

[1] 贺晓文，陈卫东，孙羽. 建筑施工技术 [M]. 北京：北京理工大学出版社，2016.

[2] 马维生. 我国建筑施工技术的发展概况 [J]. 科技风，2009（16）：77.

[3] 张天凯. 浅析我国建筑施工技术的发展概况 [J]. 科技创新与应用，2012（10）：218.

[4] 张修法. 高层建筑结构施工特点和施工技术 [J]. 江西建材，2016（14）：95.

[5] 张永志. 房屋建筑工程施工技术特点研究 [J]. 建材与装饰，2018（5）：15-16.

[6] 林绍同. 多层住宅建筑特点及施工管理方法的阐述 [J]. 住宅与房地产，2018（6）：106.

[7] 创作·理性·发展 北京市建筑设计研究院学术论文选集 [M]. 北京：中国建筑工业出版社，1999.

[8] 冒亚龙. 高层建筑美学价值研究 [D]. 重庆：重庆大学，2006.

[9] 杨嗣信. 建国 60 年来我国建筑施工技术的重大发展 [J]. 建筑技术，2009（9）：774-778.

[10] 卢坤. 浅析关于建筑工程技术设计方面的研究与探讨 [J]. 商情，2012（16）：89.

[11] 孙玉斌. 浅析建筑施工技术的发展方向及现状 [J]. 绿色环保建材，2018（4）：183.

[12] 董杰. 浅析建筑施工技术的发展方向及现状 [J]. 价值工程，2011（4）：88.

[13] 秦迪. 建筑施工技术管理优化措施的探讨 [J]. 黑龙江科学，2016（12）：142-143.

[14] 张程. 建筑施工技术管理优化措施的探讨 [J]. 散文百家（新语文活页），2017（5）：244.

[15] 朱海峰. 建筑施工技术管理优化措施的探讨 [J]. 现代物业（上旬刊），

2012（3）：64-65.

[16] 何立敏 . 建筑施工技术管理优化措施的探讨 [J]. 中小企业管理与科技（下旬刊），2016（1）：86.

[17] 付红豪 . 浅谈建筑施工技术管理及施工质量问题处理 [J]. 建筑安全，2015（11）：56-58.

[18] 邱殿有 . 浅谈建筑施工技术管理及施工质量问题处理 [J]. 黑龙江科技信息，2009（35）：440.

[19] 张飘杨 . 浅谈建筑施工技术管理及施工质量问题处理 [J]. 江西建材，2015（17）：115-116.

[20] 李健权 . 现场建筑施工技术管理及质量控制要点 [J]. 城市建设理论研究（电子版），2017（6）：62-63.

[21] 孙学全 . 谈现场建筑施工技术及质量控制要点 [J]. 黑龙江科技信息，2015（14）：252.

[22] 李伟峰 . 房屋建筑工程施工技术管理及质量控制探析 [J]. 智能城市，2018（4）：75-76.

[23] 冯新农 . 房屋建筑工程施工管理及其质量控制 [J]. 建材与装饰，2016（41）：191-192.

[24] 季华杰 . 建筑土方的施工技术研究 [J]. 中华民居（下旬刊），2012（12）：77-78.

[25] 李展翘，徐兴业 . 建筑工程地基桩基础处理方法及特点探讨 [J]. 民营科技，2015（2）：140.

[26] 马艳华 . 建筑工程地基桩基础处理方法及特点探讨 [J]. 中华民居（下旬刊），2014（9）：301.

[27] 韩海滨 . 砌筑工程基础概念论述 [J]. 民营科技，2012（11）：318.

[28] 王硕，金添 . 浅谈砌筑工程施工技术与质量控制措施 [J]. 科技视界，2014（5）：100.

[29] 李向阳 . 浅谈民用建筑施工中预应力混凝土施工技术 [J]. 科技与企业，2014（5）：160.

[30] 李晨光，王泽强，张开臣 . 预应力工程施工技术发展与展望 [J]. 施工技术，2018（6）：33-40.

[31] 游先华 . 建筑装饰装修工程施工质量控制及其管理 [J]. 建材与装饰，2016（6）：47-48.

[32] 韩一彬，薛姗 . 建筑装饰工程施工技术管理探讨 [J]. 企业导报，2011（9）：77-78.

[33] 韩玉来 . 建筑结构抗火性能研究 [D]. 哈尔滨：哈尔滨工程大学，2008.

[34] 朱兴治 . 浅谈建筑结构设计中抗震概念设计的重要性 [J]. 江西建材，2018
（3）：27-28.

[35] 郭永宏，杜娟 . 建筑结构的抗震概念设计探究 [J]. 建材与装饰，2016
（20）：62-63.

[36] 刘秦，王涛 . 建筑结构的抗震概念设计 [J]. 河南建材，2015（6）：13.

[37] 王鸿飞 . 浅析抗震概念设计在建筑结构设计中的应用 [J]. 建材与装饰，
2016（44）：72-73.

[38] 常国强 . 探讨复杂高层与超高层建筑结构设计要点 [J]. 科技与创新，2016
（4）：101.

[39] 周廷军 . 浅谈建筑抗震结构设计 [J]. 中国新技术新产品，2018（8）：113-
115.

[40] 刘琳，刘震，赵杰，等 . 结构性能抗震设计理论及应用方法 [J]. 防灾减灾
学报，2011（1）：39-42.

[41] 余宏耀，宋东辉 . 浅谈建筑抗震设计 [J]. 科技风，2009（15）：79.

[42] 庄伟 . 分析建筑设计在建筑抗震设计中的作用 [J]. 黑龙江科技信息，2015
（14）：157.

[43] 徐兴声 . 我国智能化建筑技术发展对策的思考 [J]. 工程建设与设计，2001
（6）：23-25.

[44] 孙瑞生 . 住宅集中供热系统与节能 [J]. 黑龙江科技信息，2007（10）：236.

[45] 李鹏 . 现代建筑设计创新理念 [J]. 中外企业家，2017（12）：230.

[46] 张建华，魏晓菲，刘蕾 . 以人为本的建筑创作 [J]. 四川建筑，2016（2）：
87-88.

[47] 葛慧 . 浅谈建筑设计的艺术理念 [J]. 现代交际，2012（11）：37.

[48] 戴大方 . 关于建筑设计中功能美及形式美的探讨 [J]. 山西建筑，2015
（15）：17-18.